ÉTUDE DES ÉLASSOÏDES

OU

SURFACES A COURBURE MOYENNE NULLE

PAR

ALBERT RIBAUCOUR,

INGÉNIEUR DES PONTS ET CHAUSSÉES, A AIX (BOUCHES-DU-RHÔNE).

(Couronné par l'Académie dans la séance publique du 16 décembre 1880.)

© 2023 Culturea Editions
Illustration de couverture : © domaine public
Edition : Culturea, le patrimoine des lettres (Hérault, 34)
Contact : infos@culturea.fr
Retrouvez notre catalogue sur http://culturea.fr
Imprimé en Allemagne par Books on Demand, In de Tarpen 42, Norderstedt.
Design typographique : Derek Murphy
Layout : Reedsy (https://reedsy.com/)
ISBN : 9791041940257
Dépôt légal : janvier 2023

AVANT-PROPOS.

———

La classe des sciences de l'Académie royale de Belgique avait inscrit sur son programme de concours de 1880, la question suivante :

« TROUVER ET DISCUTER LES ÉQUATIONS DE QUELQUES
SURFACES ALGÉBRIQUES A COURBURE MOYENNE NULLE. »

———

De toutes les applications des mathématiques il n'en est pas qui présentent plus de séductions que la théorie des surfaces ; il en est peu qui soient facilement, comme elle, susceptibles d'élégance et de pittoresque. Laplace a dit : «Cependant les considérations géométriques ne doivent pas être abandonnées, elles sont de la plus grande utilité dans les arts. D'ailleurs, il est curieux de se figurer dans l'espace, les divers résultats de l'analyse ; et réciproquement, de lire toutes les modifications des lignes et des surfaces, et les variations du mouvement des corps, dans les équations qui les expriment. Ce rapprochement de la géométrie et de l'analyse répand un jour nouveau sur ces deux sciences : les opérations intellectuelles de celles-ci, rendues sensibles par les images de la première, sont plus faciles à saisir, plus intéressantes à suivre ; et quand l'observation réalise ces images et transforme les résultats géométriques en lois de la nature,... la vue de ce sublime spectacle nous fait éprouver le plus noble des plaisirs réservés à la nature humaine.»

La question proposée par l'Académie royale de Belgique, malgré sa limitation et son caractère particulier, présente, à un certain degré, l'intérêt éloquemment défini par Laplace : en effet, depuis qu'entre les mains d'un illustre physicien belge «la nature se fait géomètre» ; depuis que chacun a pu réaliser les *lames minces à courbure moyenne nulle*, les plus variées, tous ceux que l'exactitude et la perfection enchantent, ne se lassent de vérifier, jusque dans ses conséquences les plus délicates, ou les plus imprévues, une des lois dérobées au monde moléculaire.

D'un autre côté, il n'est peut-être pas, dans l'étude des surfaces, de chapitre plus attachant, dans sa simplicité, que celui où l'on traite des surfaces à courbure moyenne nulle. Depuis Lagrange, tous les géomètres, pour ainsi dire, les ont étudiées, chacun ajoutant des résultats nouveaux, soit très-généraux, soit très-particuliers, également recommandables par leur netteté ou leur élégance.

L'Académie nous excusera sans doute de prendre pour guide dans notre étude plutôt l'imagination en quête de résultats que la question même soumise au concours.

C'est un chapitre au sujet des surfaces à courbure moyenne nulle que nous écrirons, et, par surcroît, le problème posé recevra sans doute une solution suffisamment développée.

Nous ne pouvons mieux faire, pour indiquer dans quel ordre d'idées nous entraînons le lecteur, que de relater dans un historique rapide, les contributions successives à la théorie qui nous occupe, apportées par les géomètres, comme autant de phrases d'un poëme facile, mais séduisant.

Lagrange, le premier, a montré que, par un contour fixe, il passe des surfaces moins étendues que toutes les surfaces voisines.

Monge, en étudiant «les surfaces dont les rayons de courbure sont toujours égaux entre eux et de signes contraires,» trouva l'équation aux différentielles partielles des surfaces à étendue minima.

Le premier il en donna l'intégrale générale, mais sous une forme compliquée d'imaginaire, qui ne le satisfaisait pas, et qui surtout ne lui paraissait pas susceptible de conduire à la construction géométrique qu'il considérait comme le complément indispensable d'une étude achevée. Voici comment il pose un problème bien digne d'intérêt, en lui-même et par son origine : «Il s'agirait actuellement de construire cette intégrale, ou, ce qui revient au même, de trouver la génération de la surface. La seule construction à laquelle nous soyons encore parvenu, procède par courbes, infiniment voisines, ... mais elle ne peut être d'aucune utilité dans la pratique. Nous allons néanmoins la rapporter, parce qu'elle pourra donner lieu à des efforts plus heureux.»

Les premières surfaces à étendue minima étudiées le furent par Meusnier qui fit connaître celle qui est de révolution, appelée depuis *alysséïde*, par Bour, et la surface de vis à filet quarré. La considération des lignes asymptotiques, introduite par Ch. Dupin, vint donner un attrait nouveau aux surfaces qui nous occupent ; car leurs lignes asymptotiques sont rectangulaires.

M. Catalan fit voir que seule la surface de vis à filet quarré est à la fois gauche et à étendue minima.

M. O. Bonnet démontra, dans une série d'études importantes : 1° qu'on peut faire la carte d'une surface à étendue minima sur la sphère, les angles étant conservés ; 2° que les lignes de courbure et les asymptotiques de ces surfaces sont isométriques ainsi que leurs images sphériques ; 3° que si l'on cherche les surfaces de la famille admettant une ligne sphérique donnée pour image de ligne de courbure ou d'asymptotique, on obtient deux surfaces minimas, applicables l'une sur l'autre ; 4° que l'on peut écrire l'intégrale des surfaces admettant pour ligne de courbure, asymptotique ou géodésique, un contour déterminé.

Le théorème de M. Bonnet, sur les deux surfaces *minimas*, est doublement intéressant, parce qu'il donne un exemple de surfaces applicables, et surtout de deux surfaces dont les lignes de courbure de l'une correspondent aux lignes asymptotiques de l'autre.

Il faut ajouter que M. Bonnet a fait connaître les surfaces minimas dont toutes les lignes de courbure sont planes ; il a indiqué comment on pourrait former des surfaces, de la famille, algébriques ; enfin il a montré comment on pouvait éliminer les imaginaires de l'intégrale, et donné des exemples particuliers.

M. Catalan se proposait, au même moment, de former des exemples simples de surfaces minimas. Il indiqua plusieurs surfaces algébriques dégagées des généralités dont la particularisation seule constitue l'intérêt. Mais il faut signaler surtout parmi des surfaces construites élégamment par M. Catalan, celle qui présente une double génération par des paraboles et des cycloïdes. On verra, par la suite, comment le rapprochement de cette surface remarquable de l'alysséïde qui admet parallèlement une double génération par des cercles et des chaînettes, nous a amené à trouver une singulière propriété, tout à fait générale, d'ailleurs, des surfaces à l'étude.

Il convient, en outre, d'observer que cette surface est la première de la famille, transcendante, mais sur laquelle on ait pu tracer des lignes algébriques. M. Schwartz a tiré grand parti de cet exemple, et nous aurons l'occasion de montrer comme il est profitable d'en chercher de semblables.

Nous ne passerons pas sous silence une remarque de M. J. Serret, fort importante malgré son apparence de simple curiosité : ce géomètre a fait voir que certaines développables imaginaires doivent être considérées comme des surfaces à étendue minima. C'était un retour inconscient à l'intégrale de Monge et la clef du problème dont il avait laissé la solution à de plus heureux.

M. Mathet, parmi les géomètres français, donna une construction différentielle des surfaces minimas les plus générales, mais sans prétendre à la construction intégrale.

Les études sur la déformation des surfaces mirent en lumière de nouvelles propriétés : Bour fit voir qu'une surface minima peut être déformée sans perdre son caractère de minimum ; déjà M. O. Bonnet en avait donné un exemple cité plus haut. Bour montra qu'il est une infinité de surfaces minimas applicables sur des surfaces de révolution ; il parvint même à donner leur intégrale, mais sans particulariser ; il montra que de toutes les surfaces, la plus simple au point de vue de la déformation est l'allyséïde, à la fois minima et de révolution.

Il est très-remarquable que les surfaces caractérisées par une condition de minimum le long d'un contour déterminé jouissent d'une définition ponctuelle indépendante de ce contour. Ce fait devait amener à reconnaître que le minimum considéré n'est pas absolu et que par un contour donné on peut faire passer une infinité de surfaces minimas. On attribue à Björling le mérite d'avoir établi que si le long du contour on fixe les plans tangents, la surface minima est entièrement définie. MM. O. Bonnet et Catalan ont, d'ailleurs, dans leurs mémoires *précités*, appliqué fréquemment ce lemme.

Quoi qu'il en soit, un problème, plus assujetti que celui de Monge, résulte de cette remarque : *construire géométriquement la surface minima inscrite à une développable donnée, le long d'un contour tracé sur cette surface.* Que si le problème analytique ne présente pas de difficultés réelles, tant que l'on reste dans la généralité, la question géométrique, à raison même du caractère de minimum qui la domine, présente un intérêt indiscutable. Nous montrerons comment elle reçoit une entière solution par l'introduction d'une idée féconde due à M. Moutard, je veux parler de la correspondance par orthogonalité des éléments.

Un autre problème tout aussi précis s'impose également : puisque, cette fois, la surface est minima minimorum, son aire, limitée au contour, est *unique* et sa mesure doit résulter uniquement des éléments du contour.

Un très-beau théorème de Riemann a répondu à ce *desideratum*. Il en est de ce résultat comme de tous ceux qui sont marqués au coin de la simplicité ; les considérations les plus simples (*à posteriori*) permettent de les rétablir. Nous en rattacherons la démonstration aux idées de Gauss, en essayant une ébauche d'exposé simplement géométrique de la théorie des surfaces minimas.

Si les premiers géomètres qui s'occupèrent des surfaces minimas tendirent aux résultats généraux, leurs successeurs devaient s'attacher à particulariser et à simplifier ; les admirables expériences de M. Plateau devaient amener, d'ailleurs, à des recherches plus précises, et, la satisfaction de voir façonner, par la nature, des surfaces dont la discussion est parfois hérissée de difficultés ; de lui voir tracer toutes les singularités calculées, conduisirent à les isoler dans des exemples assujettis à diverses conditions de simplicité maxima.

M. Schwartz se proposa de trouver les surfaces minimas admettant une géodésique plane donnée ; Henneberg fit remarquer, le premier, que si la géodésique est la développée d'une courbe algébrique, la surface minima est algébrique.

Geiser démontra que ces surfaces ne coupent le plan de l'infini que suivant des droites.

Enfin Weierstrass a donné une méthode pour trouver toutes les surfaces à étendue *minima*, algébriques et réelles.

Enneper a fait connaître une surface du neuvième degré et de sixième classe, extrêmement remarquable, qui peut, par exemple, être déformée d'une infinité de façons, tout en restant identique à elle-même.

Depuis que l'Académie royale de Belgique a posé ce problème qui fait l'objet de notre étude, un géomètre du plus grand mérite a successivement publié un grand nombre de beaux résultats sur les surfaces *minimas* : M. Sophus Lie a donné la véritable solution du problème de Monge ; il a montré que les surfaces à courbure moyenne nulle sont de deux façons des surfaces moulures ; il a en outre donné, du problème de Björling, une solution s'appliquant à des cas particuliers intéressants. Enfin il a discuté quelles sont les surfaces minimas d'ordre et de classe déterminés.

Les résultats de M. Sophus Lie viennent ôter le plus grand intérêt à nos recherches. S'il nous a été pénible, après avoir cherché et trouvé la solution du problème de Monge et de bien d'autres, de recevoir les communications du très-savant géomètre de Christiania, nous n'avons pas moins résolu de transmettre à l'Académie royale de Belgique nos recherches en développant surtout ce qui s'écarte des propriétés publiées.

C'est ce qui doit justifier les écarts du mémoire, en dehors de la question posée par l'Académie.

ÉTUDE DES ÉLASSOÏDES

OU

SURFACES A COURBURE MOYENNE NULLE

CHAPITRE I.

LOCUTIONS EMPLOYÉES.—PROCÉDÉS DE DÉMONSTRATION.—PÉRIMORPHIE. PROGRAMME.

§ 1.

Définition du mot élassoïde.

Il faut commencer par s'entendre au sujet des locutions employées dans ce mémoire. Il n'est pas commode d'employer constamment l'expression de *surface à courbure moyenne nulle* ni même celle de *surface minima*, que les Allemands ont adoptée, sous le vocable de «Minimälfläche». D'ailleurs ce terme est impropre, en général, l'aire de la surface n'étant pas, le plus souvent, un minimum absolu.

Nous emploierons le mot *Élassoïde* formé des deux mots grecs ἐλασσων (comparatif de μιχρος) et de ειδος (apparence). La substitution de l'*o* à l'*é* est consacrée par l'usage. Nous dirons donc, conformément à l'avis de Terquem, *un élassoïde*. Cette locution nous paraît réunir les deux avantages d'être régulièrement établie et surtout d'être brève.

A l'exemple de M. O. Bonnet nous dirons que deux *élassoïdes* sont *conjugués* quand ils sont applicables l'un sur l'autre et que les lignes de courbure de l'un correspondent aux asymptotiques de l'autre.

§ 2.

Locutions employées.

La plupart des géomètres appellent *congruence* de droites, une famille de droites analogues aux normales d'une surface et telles que, par un point de l'espace, choisi arbitrairement, il passe *une* droite de la congruence.

Les *focales* de la congruence sont deux surfaces, réelles ou imaginaires, qui sont touchées par chacune des droites de la famille.

Les droites d'une congruence, qui rencontrent une courbe donnée, forment une *surface élémentaire*. Les surfaces élémentaires développables forment deux familles, ce sont les *surfaces principales* de la congruence.

Ces dénominations sont usuelles. Nous conviendrons d'appeler *développée* d'une *congruence de normales* les deux nappes focales de cette congruence prises dans leur ensemble; c'est le lieu des centres de courbure principaux d'une famille de surfaces parallèles.

Sur une droite de la congruence, le point milieu du segment qui se limite aux deux foyers sera le *point moyen*. Le lieu de ces points pour toute congruence sera la *surface moyenne*.

Le plan perpendiculaire à une droite de la congruence, et mené par le *point moyen* situé sur cette droite, sera le *plan moyen*. Tous les plans moyens, relatifs aux droites d'une congruence, touchent une même surface que nous appellerons l'*enveloppée moyenne*. Ce sera la *développée moyenne*, si la famille de droites est une *congruence de normales*.

Nous aurons à considérer des congruences dans leurs rapports avec une surface déterminée : nous dirons qu'une congruence de droites est *harmonique par rapport à une surface* (A), si les surfaces principales de la congruence découpent, sur (A), un réseau conjugué.

Lorsqu'une *congruence de normales* sera *harmonique* par rapport à une surface (A), nous dirons qu'elle constitue une *congruence de Dupin* (par rapport à cette surface), rappelant ainsi le nom de Charles Dupin qui, le premier, a considéré des familles de droites de cette espèce.

Il nous reste à rappeler les termes du vocabulaire, adopté dans la géométrie des imaginaires, dont nous ferons un constant usage.

L'*ombilicale* est le cercle imaginaire commun à toutes les sphères et situé dans le plan de l'infini.

Une *droite isotrope* se dira de toute droite rencontrant l'ombilicale.

Un *plan isotrope* se dira de tout plan tangent à l'ombilicale.

Une *développable isotrope* se dira de toute développable qui contient l'ombilicale.

Une *ligne isotrope*, ou ligne de *longueur nulle*, sera une courbe, arête de rebroussement d'une développable isotrope, dont, par conséquent, toutes les tangentes seront des droites isotropes.

Enfin nous appellerons *congruence isotrope* une famille de droites dont les surfaces focales sont des développables isotropes. Ces congruences seront réelles toutes les fois que les deux développables isotropes focales seront imaginaires conjuguées.

Ajoutons qu'un réseau de lignes orthogonales (u), (v), tracées sur une surface, sera isométrique toutes les fois que le carré de l'élément linéaire de la surface rapportée aux lignes (u), (v), pourra s'écrire

$$dS^2 = \lambda^2(du^2 + dv^2),$$

en particularisant convenablement les variables u et v.

On appelle *image sphérique* d'une surface, en général, la représentation sur la sphère de cette surface (le mode de correspondance étant le parallélisme des plans tangents de la sphère et de la surface aux points correspondants). On considérera de la sorte les images sphériques des lignes de courbure, des lignes asymptotiques, etc.

§ 3.

Définition de la périmorphie comme procédé de démonstration.

Les procédés de démonstration que nous emploierons uniformément dans notre étude analytique se rapportent à une méthode particulière que l'on a désignée par un néologisme imagé en l'appelant la *périmorphie*. Dans cette géométrie, l'origine des coordonnées est remplacée par une surface dite *de référence*, et les axes de coordonnées sont simplement définis, en chaque point de la surface de référence, par des relations où figurent les coordonnées superficielles u et v (à la façon de Gauss) du point, considéré comme origine instantanée.

Dans cette étude, nous considérerons toujours, comme base de nos calculs, un réseau orthogonal des courbes (u), (v) tracé sur une surface de référence (O) : les courbes (u) correspondront aux différentes valeurs du paramètre u, de même, les courbes (v) correspondront aux différentes valeurs du paramètre v.

Le quarré de l'élément linéaire de la surface de référence (O) s'écrira, comme d'habitude :

$$dS^2 = f^2 \, du^2 + g^2 \, dv^2.$$

Ceci posé, les axes de coordonnées instantanés seront toujours en un point $O(u, v)$ (c'est-à dire en un point O défini par les valeurs u et v des paramètres) : 1° OX tangente à la courbe (v) ; 2° OY tangente à la courbe (u) ; 3° OZ normale à la surface. Les trois axes seront ainsi rectangulaires.

Les calculs de *périmorphie* réclament l'emploi constant de six formules que nous allons transcrire en les définissant.

§ 4.

Six formules fondamentales de périmorphie.

En *périmorphie*, on se donne, à chaque instant, les coordonnées ξ, η, ζ d'un point M variable avec le point O, coordonnées mesurées sur les axes OX, OY, OZ. Ces coordonnées sont des fonctions de u et v. Lorsque l'on donne à ces paramètres les accroissements du et dv, l'origine se transporte en O' et le point correspondant de l'espace sera un certain point M' défini par les coordonnées

$$\xi + \Delta\xi, \quad \eta + \Delta\eta, \quad \zeta + \Delta\zeta,$$

comptées sur les axes nouveaux $O'X'$, $O'Y'$, $O'Z'$. Mais l'élément MM', projeté sur les trois axes primitifs, donne lieu à trois longueurs, fonctions de u, v, du et dv.

Suivant l'axe OX, on a

$$\Delta X = du\left(f + \frac{d\xi}{du} + \frac{df}{g\,dv}\eta + P\zeta\right) + dv\left(\frac{d\xi}{dv} - \frac{dg}{f\,du}\eta - gD\zeta\right),$$

suivant l'axe OY, on a

$$\Delta Y = du\left(\frac{d\eta}{du} - \frac{df}{g\,dv}\xi - fD\zeta\right) + dv\left(g + \frac{d\eta}{dv} + \frac{dg}{f\,du}\xi + Q\zeta\right), \qquad (1)$$

suivant l'axe OZ, on a

$$\Delta Z = du\left(\frac{d\zeta}{du} - P\xi + fD\eta\right) + dv\left(\frac{d\zeta}{dv} - Q\eta + gD\xi\right).$$

Telles sont les trois formules fondamentales de la géométrie considérée. Trois autres formules, également nécessaires, s'en déduisent immédiatement :

Soient X', Y', Z' les coordonnées d'un point de l'espace, par rapport au trièdre instantané O', X', Y', Z' défini ci-dessus ; soient, d'un autre côté, X, Y, Z les coordonnées du même point par rapport au trièdre primitif O, X, Y, Z. On a

$$X' = -f\,du + X + Y\left(-\frac{df}{g\,dv}\,du + \frac{dg}{f\,du}\,dv\right) + Z(-P\,du + gD\,dv),$$

$$Y' = -g\,dv + X\left(-\frac{dg}{f\,du}\,dv + \frac{df}{g\,dv}\,du\right) + Y + Z(-Q\,dv + fD\,du), \qquad (2)$$

$$Z' = X(P\,du - gD\,dv) + Y(Q\,dv - fD\,du) + Z.$$

Ces formules contiennent cinq coefficients : f et g déjà définis, P, Q, D tels que :

— $\frac{f}{P}$ représente le rayon de courbure de la section normale tangente à OX ;

— $\frac{g}{Q}$ représente le rayon de courbure de la section normale tangente à OY ;

— $\frac{1}{D}$ représente le paramètre de déviation relatif aux deux directions rectangulaires OX, OY (Bertrand).

§ 5.

Équations de Codazzi.

Ces cinq coefficients sont liés par trois équations célèbres, dites équations de Codazzi, auxquelles il faut constamment recourir :

$$\left.\begin{aligned}
\mathrm{PQ} - fg\mathrm{D}^2 + \frac{d}{dv}\left(\frac{df}{g\,dv}\right) + \frac{d}{du}\left(\frac{dg}{f\,du}\right) &= 0, \\
\frac{d\mathrm{P}}{dv} + g\frac{d\mathrm{D}}{du} + 2\frac{dg}{du}\mathrm{D} - \frac{df}{g\,dv}\mathrm{Q} &= 0, \\
\frac{d\mathrm{Q}}{du} + f\frac{d\mathrm{D}}{dv} + 2\frac{df}{dv}\mathrm{D} - \frac{dg}{f\,du}\mathrm{P} &= 0.
\end{aligned}\right\} \qquad (3)$$

Les trois groupes d'équations que nous venons de décrire constituent les bases de la *périmorphie*. Quant aux procédés, il serait oiseux de les résumer, ils s'indiquèront d'eux-mêmes par les applications que nous en ferons dans le cours de ce mémoire ; la simplicité qui les caractérise permettra de les exposer, le plus souvent, en détail.

§ 6.

Programme des recherches comprises dans ce mémoire.

Il nous reste à indiquer le programme des recherches successivement exposées dans ce mémoire.

Nous avons cru qu'il convenait de rappeler rapidement, mais d'une façon synthétique et pour ainsi dire évidente, les résultats connus. L'Académie nous permettra de commencer notre étude par un rapide exposé géométrique qui, nous l'espérons, intéressera une assemblée où la théorie qui nous occupe a reçu de si belles contributions.

Ce sera l'objet du *second chapitre et du troisième.*

Voici, d'une façon très-sommaire, la composition des autres chapitres.

Chapitre IV. Des congruences isotropes, des surfaces d'about ; la surface moyenne est le lieu des lignes de striction des surfaces élémentaires ; l'enveloppée moyenne est un élassoïde.

Chapitre V. Des congruences isotropes qui donnent lieu au même élassoïde central ; construction directe donnant toutes les congruences satisfaisantes en fonction d'une première congruence isotrope.

Chapitre VI. Toute congruence isotrope est définie par une seule surface élémentaire ; construction des éléments de l'élassoïde central à l'aide d'une surface élémentaire donnée. Construction ponctuelle d'un élassoïde en utilisant deux lignes de longueur nulle.

Chapitre VII. Tout élassoïde est le lieu d'une ∞^3 de courbes lieux des centres de courbure de courbes gauches, qui sont les lignes doubles de toutes les congruences isotropes satisfaisantes.

Chapitre VIII. Étude des surfaces moyennes des congruences isotropes ; elles s'introduisent en géométrie cinématique ; elles correspondent par orthogonalité des éléments à la sphère. Sur l'élassoïde moyen et la surface moyenne les asymptotiques se correspondent ; relations entre les courbures des deux surfaces. Une surface moyenne ne peut être élassoïde sans être une surface de vis à filet quarré.

Chapitre IX. Formules générales de représentation sphérique. Élassoïdes groupés, dérivés d'un réseau isométrique de la sphère ; ils sont applicables sur l'un d'entre eux.

Chapitre X. Définition des élassoïdes conjugués, des élassoïdes stratifiés. Deux surfaces qui se correspondent par orthogonalité et égalité des éléments sont deux élassoïdes conjugués.

Chapitre XI. Solution du problème de Björling. Définition de contours conjugués. Une surface gauche arbitraire définit deux contours conjugués. Contours correspondants à une ligne plane.

Chapitre XII. Calculs au sujet de la dérivation des élassoïdes du plan. Élassoïdes transcendants à lignes algébriques.

Chapitre XIII. Lignes de courbure des élassoïdes. Exemples de lignes algébriques ou dépendant des fonctions elliptiques.

Chapitre XIV. On peut mettre simultanément sur un élassoïde les courbes pour lesquelles $\mathrm{R} = \pm k\rho$. Recherche de ces courbes ; élassoïdes qui les admettent pour géodésiques. Lignes algébriques.

Chapitre XV. Nouvelles propriétés des congruences isotropes dérivées du plan. Courbes de contact de cônes dont les sommets sont en ligne droite. Nouvelle définition des élassoïdes.

Chapitre XVI. Propriétés des lignes de niveau des élassoïdes groupés ; rotation des lignes de niveau par déformation.

Chapitre XVII. Propriété caractéristique des congruences composées des génératrices d'une famille de quadriques homofocales.

Chapitre XVIII. Recherche des élassoïdes algébriques passant par un cercle.

Chapitre XIX. (*) Étude des élassoïdes dérivés des quadriques à centre, homofocales.

(*) *Voir* Notes sur la transcription, page B.

Chapitre XX. Étude des élassoïdes dérivés des paraboloïdes du deuxième ordre, homofocaux.

Chapitre XXI. Recherche des élassoïdes applicables sur des surfaces de révolution. Équations des élassoïdes du neuvième et du douzième ordre.

Chapitre XXII. Énoncé de plusieurs propriétés relatives aux élassoïdes. Renvoi à la théorie de la correspondance par orthogonalité des éléments. Généralisations se rattachant plus directement à la théorie des couples de surfaces applicables l'une sur l'autre. Sur le problème de la correspondance de deux surfaces par correspondance des plans tangents et des lignes isotropes.

Chapitre XXIII. Conclusions : *Desiderata* de l'étude entreprise et résultats obtenus.

Telles sont les lignes principales de l'étude que nous allons maintenant détailler.

CHAPITRE II.

CONSIDÉRATIONS GÉOMÉTRIQUES DIRECTES AU SUJET DES ÉLASSOÏDES.

———

§ 7.

En chaque point d'un élassoïde la courbure moyenne est nulle.

L'existence des élassoïdes se déduit du problème posé pour la première fois par Lagrange : *trouver la surface à étendue minima limitée à un contour déterminé.*

Soit (C) un contour fermé, gauche. Admettons qu'il existe une surface (O), passant par (C), ne présentant à l'intérieur aucune nappe infinie et jouissant du caractère de minimum ; celui-ci sera réalisé si toute surface (O'), infiniment voisine de (O), et passant comme elle par le contour (C), a une étendue comprise à l'intérieur du contour ne différant de l'étendue correspondante de la surface (O) que par un infiniment petit du second ordre (les quantités qui mesurent l'écart des surfaces (O) et (O') étant des infiniment petits du premier ordre).

Il importe d'observer que le mode de correspondance des surfaces (O) et (O') est arbitraire ; il doit simplement satisfaire à ces conditions, qu'aux points correspondants les plans tangents fassent entre eux des angles infiniment petits du premier ordre et que le contour (C) se corresponde à lui-même sur les deux surfaces. En particulier, le long de ce contour, les plans tangents correspondants doivent faire des angles infiniment petits du premier ordre.

Ces restrictions préalables vont montrer tout à l'heure pourquoi la solution du problème de Lagrange n'est réellement jamais obtenue.

Puisque le mode de correspondance des surfaces (O) et (O') est arbitraire, il est naturel d'avoir recours au suivant : prendre comme points correspondants a' et a deux points de (O') et de (O) situés sur une même normale à (O). Il est clair que si (O) et (O') n'ont pas de nappes infinies et sont infiniment voisines, les restrictions obligatoires sont observées.

Ceci posé, traçons sur (O) un petit contour fermé (a) et, tout le long, menons les normales à la surface (O) : elles vont découper, sur (O'), un contour fermé (a'), correspondant à (a). La longueur aa' du segment compté sur la normale et limitée aux deux surfaces, pour tous les points du contour, est un infiniment petit du premier ordre ; sa valeur moyenne peut donc s'écrire $H \cdot d\rho$ (où H est une fonction finie).

Désignons donc par $d(a)$ l'aire du contour (a), par $d\theta$ l'aire sphérique (entendue à la façon de Gauss) de ce même contour ; enfin soient R_1 et R_2 les rayons de courbure principaux de (O) pour un point moyen pris à l'intérieur du contour (a).

D'après un théorème de Gauss, on a

$$d(a) = R_1 \cdot R_2 \, d\theta,$$

à une quantité infiniment petite près, par rapport à $d(a)$.

De même façon :

$$d(a') = (R_1 + H \, d\rho)(R_2 + H \, d\rho)\frac{d\theta}{\cos i},$$

si i désigne l'angle des plans tangents en a et a'. Mais on doit écrire :

$$d(a') = d(a) + \Delta d(a)$$

et comme l'angle i est infiniment petit du premier ordre, on est en droit d'écrire, au degré d'approximation précité

$$\frac{\Delta d(a)}{d\theta} = (R_1 + R_2) \cdot H \, d\rho + H^2 \, d\rho^2.$$

Ceci s'applique à deux surfaces infiniment voisines quelconques, et l'on voit que $\Delta d(a)$ est ainsi du troisième ordre infinitésimal, en général.

Dès lors, l'intégrale des éléments semblables étendue jusqu'au contour (C) sera en général une quantité infiniment petite du premier ordre.

Or, si le minimum a lieu, il faut que cette quantité soit infiniment petite du second ordre, et le terme correspondant de $\Delta d(a)$ doit disparaître.

On doit donc avoir, tout d'abord,

$$R_1 + R_2 = 0.$$

Ainsi, *la première condition du minimum est qu'en chaque point de la surface minima, les rayons de courbure principaux soient égaux et de signes contraires.*

Cette condition équivaut à l'équation différentielle des élassoïdes ; comme elle lie deux éléments de courbure, l'équation est du second ordre et par conséquent son intégrale générale ne comporte que deux fonctions arbitraires distinctes (on verra plus loin le parti qu'il faut tirer de cette remarque).

§ 8.

Aire d'une portion d'élassoïde (INTÉGRALE DE RIEMANN).

Afin de pousser plus avant la solution du problème de Lagrange il importe de chercher à évaluer immédiatement l'aire dont on demande le minimum ; les considérations qui précèdent rendent cette recherche facile.

Considérons en effet une famille d'élassoïdes se succédant par variations insensibles, commandées par celles d'un paramètre, et soient (O) et (O′) deux élassoïdes infiniment voisins. Soient (α) et (α') deux contours fermés, correspondants, tracés sur ces deux surfaces, (A) et (A) + Δ(A) les aires limitées à ces contours. Quelle que soit la loi de variation des élassoïdes, il est facile de trouver une expression géométrique de Δ(A). Si, en effet, le long de (α), nous menons au premier élassoïde la *normalie* qu'il détermine, cette surface gauche trace sur (O′) un contour fermé (α''), et, d'après ce qui a été dit plus haut, l'aire de (O′), limitée au contour (α''), ne diffère de l'aire de (O), limitée au contour (α), que d'une quantité infiniment petite du second ordre (l'aire étant finie). Par conséquent la variation Δ(A) est représentée, à un infiniment petit du second ordre près, par la couronne comprise entre les contours (α') et (α''). Ce qui précède indique suffisamment ce qu'il y aurait lieu de compter positif ou négatif si les contours se rencontraient.

Ceci posé, comme on est maître de considérer telle loi de variation des élassoïdes que l'on veut, il convient, pour la recherche de l'aire, de prendre la loi de variation la plus simple, savoir celle de la similitude : dans cette hypothèse, si k est le paramètre de similitude, on aura

$$(A) + \Delta(A) = (A)(1 + dk)^2 = (A)(1 + 2\,dk + dk^2),$$

donc, au degré d'approximation requis,

$$\Delta(A) = 2 \cdot dk(A);$$

si donc l'on parvient à calculer l'aire du ruban compris entre (α') et (α''), la valeur de l'aire (A) en résultera.

Prenons pour pôle de similitude un point de l'espace S, soit P le plan tangent à la surface (O′), au point a', T la tangente au contour (α) ; projetons le point a'' en β sur a'T et S en B sur cette même droite. Il est clair que, si $d\sigma$ désigne l'élément de courbe (a'), on a, pour l'élément d'aire du ruban limité aux contours (a'), (a''),

$$d\sigma \cdot a''\beta.$$

Si ω est l'angle du plan P et du plan contenant la droite T et le point S, on a

$$a''\beta = a\beta \cdot \cos\omega.$$

Mais la similitude des triangles $\mathrm{SB}a'$ et $a\beta a'$ donne

$$a\beta = \mathrm{SB} \cdot \frac{aa'}{\mathrm{S}a'}.$$

D'un autre côté :

$$\frac{aa'}{\mathrm{S}a'} = \frac{dk}{1 + dk},$$

par conséquent on peut écrire :

$$\Delta(\mathrm{A}) = 2\, dk(\mathrm{A}) = \int d\sigma \cdot \mathrm{SB} \cos\omega\, dk,$$

il en résulte

$$(\mathrm{A}) = \int \frac{d\sigma \cdot \mathrm{SB}}{2} \cos\omega.$$

C'est l'expression donnée par Riemann.

L'élément de l'intégrale n'est autre chose que la projection du triangle infinitésimal $a'a'_1\mathrm{S}$ sur le plan tangent en a' à l'élassoïde.

§ 9.

Aire d'une portion finie d'élassoïde inscrite à un cône.

Signalons en passant le cas où ω est constant tout le long du contour (α) : *Lorsqu'un élassoïde coupe, sous un angle constant, un cône et lorsque la portion de surface comprise dans le contour d'intersection est fermée, sans nappes infinies, l'aire de cette portion de surface est proportionnelle à celle de la surface du cône limitée au même contour et au sommet.*

Dans le cas où le cône est tangent à l'élassoïde, les deux surfaces sont équivalentes.

L'intégrale donnée ci-dessus montre tout d'abord que l'aire d'un élassoïde, et par conséquent la surface elle-même, dépendent non-seulement du contour donné (α), mais encore des plans tangents en chacun des points de ce contour. Il y a donc une infinité d'élassoïdes passant par un contour donné.

Il convient de poser, avec Björling, le problème de la construction d'un élassoïde circonscrit à une développable déterminée le long d'un contour tracé sur celle-ci.

§ 10.

Intégrale invariante le long d'un contour fermé.

Remarquons, d'un autre côté, que si la considération d'homothétie a disparu de l'intégrale, celle du point fixe dans l'espace a persisté, quoique l'aire de l'élassoïde soit indépendante de ce point choisi arbitrairement. Il en résulte que l'expression

$$\int \frac{d\sigma \cdot \mathrm{SB}}{2} \cdot \cos \omega$$

étendue à un contour fermé tracé sur une développable, est *invariante*, quelle que soit la position du point fixe S dans l'espace.

On trouvera l'expression de l'aire d'une portion d'élassoïde quand on saura trouver une famille d'élassoïdes dont les surfaces varieront proportionnellement, et il n'est pas besoin pour cela que les élassoïdes soient tous semblables et semblablement placés.

§ 11.

Définition des problèmes de Monge et de Björling.

Au point où nous en sommes arrivé, on comprend que le problème de Lagrange (*faire passer par un contour donné une surface d'aire minima*) sera susceptible de solution, seulement quand on saura construire tous les élassoïdes passant par un contour et ne présentant *pas de nappes infinies à l'intérieur de ce contour*. Ainsi est-on amené, par la nécessité, à résoudre successivement les problèmes de Monge et de Björling, savoir :

PROBLÈME DE MONGE : *Construire toutes les surfaces à courbure moyenne nulle (élassoïdes), c'est-à-dire en chaque point desquelles les rayons de courbure principaux sont égaux et de signes contraires.*

PROBLÈME DE BJÖRLING : *Construire l'élassoïde circonscrit à une surface développable donnée, le long d'un contour déterminé.*

Leur solution fera l'objet des chapitres qui vont suivre.

CHAPITRE III.

SOLUTION DU PROBLÈME DE MONGE.

——

§ 12.

Sur un élassoïde les lignes de longueur nulle sont toujours conjuguées.

Trouver un élassoïde c'est découvrir une surface telle qu'en chacun de ses points l'*indicatrice* (*) soit une hyperbole équilatère. La condition d'égalité des axes d'une conique s'exprime en disant que celle-ci passe par les *ombilics* de son plan (cercle), de même l'hyberbole équilatère dont les carrés des axes sont égaux et de signes contraires, se caractérise par ce fait que *les diamètres isotropes sont conjugués*.

Cette simple remarque conduit à cette conséquence capitale : si sur un élassoïde on trace les deux séries de *lignes isotropes*, arêtes de rebroussement des développables isotropes circonscrites à la surface, on obtient deux familles de courbes conjuguées. La réciproque n'est pas moins évidente.

En conséquence *toute développable isotrope doit être considérée comme un élassoïde.*

En effet, sur une développable une génératrice est conjuguée de toute direction tangente à la surface et qui la rencontre ; elle est aussi à elle-même sa propre conjuguée.

Or, sur une développable isotrope, les deux familles de lignes isotropes coïncident entre elles et avec les génératrices ; elles sont à elles-mêmes leurs propres conjuguées, donc elles caractérisent les élassoïdes. Ainsi se trouve, au début de cette étude, le résultat mis en lumière, pour la première fois, par M. J. Serret (*Journal de Liouville*, t. XI, 1846) et dont nous déduirons presque intuitivement la solution du problème de Monge.

(*) Il s'agit de l'indicatrice de CHARLES DUPIN, qui donne l'image de la variation des courbures dans chaque azimuth.

§ 13.

Propriétés des congruences harmoniques.

Il convient de faire un moment diversion pour rappeler quelques notions très-simples relatives aux *congruences harmoniques.*

Soient (A) et (B) deux surfaces arbitraires dont nous ferons correspondre les points par parallélisme des plans tangents. Soient A et B deux points correspondants, les droites telles que AB engendrent une *congruence harmonique*, c'est-à-dire telle que si on la décompose en ses deux familles de développables, celles-ci tracent, sur les surfaces (A) et (B), deux familles de courbes conjuguées.

La proposition sera démontrée si l'on fait voir que les indicatrices des surfaces (A) et (B) ont toujours deux diamètres conjugués parallèles. M. de la Gournerie a donné, de ceci, une démonstration réduite à l'évidence en montrant que l'on peut toujours : 1° amener les coniques à avoir même centre ; 2° en réduire une de telle façon qu'elle devienne doublement tangente à l'autre ; le diamètre de contact et les tangentes sont manifestement les directions cherchées.

Ainsi, dans le cas qui nous occupe, la congruence est harmonique par rapport aux surfaces (A) et (B) ; il est clair qu'elle l'est également par rapport à chacune des surfaces divisant, en segments proportionnels, les cordes telles que AB, surfaces correspondant à (A) et (B) par parallélisme de leurs plans tangents.

Particularisons un peu, en supposant développables les surfaces (A) et (B), que nous avions prises arbitraires.

Soient T_a et T_b les génératrices de ces deux surfaces situées dans deux plans tangents parallèles ou non, désignons par (A), (B) les arêtes de rebroussement des deux développables. La congruence des droites AB existe toujours, elle se décompose en deux familles de surfaces principales qui sont les cônes ayant leurs sommets en tous les points de (A) et contenant (B), ou inversement. Les surfaces, lieux des points qui divisent les segments AB en parties proportionnelles, existent toujours, les cônes précités les découpent suivant deux familles de courbes semblables aux courbes (A) et (B), chaque famille se composant de courbes identiques. De plus (et c'est le point principal) ces familles de courbes sont conjuguées.

§ 14.

Construction ponctuelle d'un élassoïde avec deux développables isotropes.

Particularisons davantage et supposons que (A) et (B) sont deux développables isotropes.

Dans ce cas les droites T_a et T_b sont isotropes ; par conséquent elles sont parallèles aux droites isotropes de tout plan parallèle à ces deux droites.

Mais les surfaces divisant en parties proportionnelles les segments tels que AB sont coupées par les cônes principaux suivant des courbes identiques (à l'homothétie près) aux arêtes de rebroussement (A) et (B), dont par conséquent les tangentes, comme celles de (A) et de (B), sont isotropes. Ces deux familles de courbes (comme dans le cas général) sont conjuguées.

On peut donc énoncer ce théorème important :

Soient (A) *et* (B) *les arêtes de rebroussement de deux développables isotropes arbitraires, si l'on joint de deux en deux les points de* (A) *et de* (B) *et que l'on divise, en parties proportionnelles, les segments ainsi obtenus, le lieu des points de division est un élassoïde.*

Or, une développable est déterminée quand on se donne deux directrices ; une développable isotrope, déjà assujettie à contenir l'ombilicale, est définie par une seule autre directrice ; par conséquent, une développable de cette nature correspond à une fonction arbitraire.

Ainsi la construction que nous venons de donner des élassoïdes contient deux fonctions arbitraires, elle conduit donc (d'après une remarque du chapitre précédent) à l'intégrale générale du problème de Monge.

Les élassoïdes sont donc, de deux manières, des surfaces *moulures* ; les profils sont imaginaires. Les surfaces peuvent pourtant être réelles, mais à condition que les développables isotropes (A) et (B) seront imaginaires conjuguées. En conséquence les élassoïdes réels ne contiennent, dans leur définition, qu'une seule fonction arbitraire.

Nous montrerons plus loin comment nous avions été amené au résultat qui précède avant de lire, dans le *Bulletin des sciences mathématiques* (novembre 1879), le résumé des mémoires de M. Sophus Lie.

§ 15.

Construction ponctuelle d'un élassoïde dérivé de deux élassoïdes.

Si, dans ce qui précède, on prend pour (A) et (B) deux élassoïdes se correspondant par parallélisme de leurs plans tangents, les surfaces divisant, en segments proportionnels, le segment variable AB sont encore des élassoïdes, puisque les traces principales de la congruence sur chacune de ces surfaces ont leurs tangentes parallèles aux droites isotropes des plans tangents en A et B à (A) et (B) et qu'en outre ces directions sont conjuguées.

C'est même en faisant cette observation que nous avons été conduit à particulariser les surfaces (A) et (B) dont la définition comporte en apparence quatre fonctions arbitraires, mais dont en réalité deux sont surabondantes.

§ 16.

Élassoïdes stratifiés.

Deux développables isotropes arbitraires et arbitrairement placées dans l'espace, donnent lieu à une famille d'élassoïdes que nous nommerons *stratifiés* pour rappeler qu'ils se correspondent par parallélisme de leurs plans tangents. Ces élassoïdes jouissent de propriétés fort singulières ; elles seront développées dans un chapitre spécial. Ils comprennent comme limites les deux surfaces développables (A) et (B) qui ont servi à les engendrer. Chacun des élassoïdes de la famille se distingue par la valeur d'un coefficient afférent au rapport de division du segment AB, mais il est bien clair qu'on ne particularise en aucune façon en supposant le coefficient égal à *un* puisque les deux fonctions arbitraires caractérisant la généralité de la définition restent générales. En conséquence on peut dire que *tout élassoïde est le lieu des milieux des segments de droites limités à la rencontre de deux lignes de longueur nulle.*

Il peut se faire que les deux lignes (A) et (B) soient *identiques*, c'est-à-dire appartiennent à une même courbe ; dans ce cas, nous dirons, avec M. Sophus Lie, que l'élassoïde est double.

§ 17.

Le plan de l'infini coupe un élassoïde seulement suivant des droites.

Nous déduirons de ce qui précède une seule conséquence : *la section d'un élassoïde, par le plan de l'infini, se compose de droites* (résultat énoncé depuis longtemps par Geiser).

Il est clair en effet qu'on peut substituer aux définitions données précédemment la suivante :

Tout élassoïde est le lieu d'un point associé sur les droites AB rencontrant deux lignes de longueur nulle (A) et (B), au point de l'infini, et tel que le rapport anharmonique des deux points associés et des points A et B ait une valeur constante.

Dans ces conditions, un point de l'élassoïde, situé à l'infini, correspond à deux points de (A) et (B) également situés à l'infini ; dès lors, le point de rencontre de la droite AB, avec le plan de l'infini, est indéterminé, par conséquent la droite, tout entière, appartient à l'élassoïde.

Nous ne poursuivrons pas dans cette voie les belles conséquences que M. Lie a développées avec un grand talent ; désireux d'aborder des considérations nouvelles, nous n'entrerons pas dans la discussion des nombres déterminant le degré et la classe d'un élassoïde, en fonction des nombres caractéristiques de la classe, du degré, du rang et des singularités à l'infini, des développables isotropes (A) et (B).

En terminant ce chapitre, observons que si le problème de Monge est, ainsi, complétement résolu, la solution n'est pas dépourvue d'imaginaires. Bien que ce *desideratum* paraisse aujourd'hui assez oiseux, nous montrerons plus loin comment on y satisfait par la considération des congruences isotropes.

CHAPITRE IV.

DES CONGRUENCES ISOTROPES.

Si nous écrivions un traité didactique, nous serions amené à résoudre en ce moment et par des procédés synthétiques, le problème de Björling, mais il nous paraît préférable de suivre la marche d'invention plus féconde en aperçus *latéraux* et par conséquent susceptible, mieux qu'une synthèse étroite, de faire apprécier les nombreuses attaches géométriques de problèmes relatifs aux élassoïdes. A ce point de vue, il ne sera pas indifférent, à raison de la nouveauté et de la précision des résultats, d'indiquer les considérations qui nous ont conduit à l'*étude des congruences isotropes* laquelle fera plus spécialement l'objet de ce chapitre. Nous supprimons d'ailleurs toute démonstration des résultats étrangers à l'étude proprement dite.

§ 18.

Courbes symétriques par rapport aux plans tangents d'une surface le long d'une courbe unique, correspondant aux premières avec orthogonalité des plans tangents aux surfaces élémentaires. La courbe unique est asymptotique.

En général, étant données deux surfaces (A) et (B) et une congruence arbitraire de droites telles que AB, il y a seulement deux paires de lignes (*a*) et (*b*) tracées sur (A) et (B) se correspondant une à une et telles que les plans tangents aux abouts du segment AB des surfaces gauches élémentaires ayant pour traces sur (A) et (B) les courbes (*a*) et (*b*), soient rectangulaires.

Dans ce qui suit, nous appellerons D la droite instantanée de la congruence et (D) cette congruence elle-même.

Si l'on fait réfléchir les rayons D de la congruence sur la surface (A) et que l'on considère la surface (C) lieu des points C symétriques des points B par rapport aux plans tangents de (A), les surfaces (A) et (C) donneront lieu comme le couple (A) (B) à deux paires de courbes (*a′*) et (*c*) correspondantes et telles qu'aux abouts du segment AC, les plans tangents aux surfaces élémentaires de la congruence (D′) réfléchie [ayant pour traces sur (A) et (C) les courbes (*a′*) et (*c*)] soient rectangulaires.

*En général, les paires de courbes (*a*) et (*a′*) ne coïncident pas. Lorsqu'elles coïncident entre elles, elles sont les lignes asymptotiques de la surface (A).*

Dans ce cas, la position de la droite BC est définie sans quadrature ; les surfaces (B) et (C) sont uniques, et il suffit de connaître la congruence (D) (qui est particulière) indépendamment de la surface (B).

La congruence (D) et la congruence réfléchie (D′) satisfont à une seule et même équation différentielle.

§ 19.

Cas où les deux congruences symétriques sont formées de normales à des surfaces.
Ce sont des congruences de Dupin.

Si l'on veut qu'une congruence (D) soit satisfaisante [par cette locution, employée généralement dans ce mémoire, nous entendons qu'un système géométrique vérifie les conditions du problème dont on s'occupe] et qu'en outre elle soit formée de normales à des surfaces, le problème se précise et donne lieu aux remarques suivantes :

1° *La droite* BC *passe par le point de contact du plan d'incidence* BAC *avec l'enveloppée qu'il touche constamment ;*

2° *Les traces* (α), (α') *sur* (A) *des paires de développables suivant lesquelles on peut décomposer les congruences* (D) *et* (D′) *coïncident ;*

3° *Ces courbes* (α) *et* (α'), *coïncidant entre elles, sont conjuguées. Dès lors, les congruences* (D) *et* (D′) *sont des congruences de Dupin ;*

4° *Enfin, si l'on particularise davantage et qu'on veuille que les surfaces* (B) *et* (C) *soient trajectoires des droites des congruences* (D) *et* (D′), *il faut alors que ces surfaces* (B) *et* (C) *soient les deux nappes d'une enveloppe de sphères ayant leurs centres sur* (A) *et orthogonales à une sphère fixe.*

Ces résultats, où figurent à la fois les lignes asymptotiques, les congruences de Dupin et les surfaces anallagmatiques prêtent un véritable intérêt à la correspondance par orthogonalité, qui leur donne naissance.

§ 20.

Génération des normales aux surfaces anallagmatiques du quatrième ordre.

Une application fort élégante de ce qui précède se rapporte à la génération des surfaces anallagmatiques du quatrième ordre indiquée par M. Laguerre, dans les termes suivants :

Si par toutes les droites d'un plan on mène, à deux quadriques homofocales, deux plans tangents et que l'on joigne, par une droite, les points de contact, la congruence formée par les droites de même génération est aussi formée des normales à une surface anallagmatique du quatrième ordre.

Si nous avons indiqué les résultats précédents, c'est pour montrer comment nous avons été naturellement amené à l'étude des congruences isotropes.

§ 21.

Congruences rencontrant deux surfaces suivant une infinité de courbes correspondantes, le long desquelles les plans tangents aux surfaces élémentaires sont rectangulaires.

Nous avons dit qu'en général, sur deux surfaces (A) et (B) une congruence (D) découpe seulement deux paires de courbes (a) et (b) telles qu'aux abouts du segment AB, les plans tangents aux surfaces élémentaires de la congruence soient rectangulaires. *Mais il peut arriver, en particulier, qu'il y ait plus de deux paires de courbes. S'il en est ainsi, il y en a une infinité.* C'est ce que nous allons démontrer.

Soient (A) et (B) deux surfaces (arbitraires jusqu'à nouvel ordre), soit D la droite d'une congruence (D) joignant les points correspondants A, B. Si, par les milieux des segments AB, on élève des plans perpendiculaires aux cordes AB, ils toucheront une certaine surface (O) que nous prendrons pour surface de référence. Même, pour simplifier les calculs, nous supposerons que les lignes coordonnées (u), (v) sont les lignes de courbure de (O).

ξ, η, ζ étant les coordonnées instantanées du point A,

ξ, η, $-\zeta$ seront les coordonnées instantanées du point B.

Si l'on suit, sur (O), une ligne satisfaisante (c'est-à-dire telle que les plans tangents à la surface élémentaire engendrée par D soient rectangulaires en A et B), on aura

$$1 + \frac{\Delta Y_A - \Delta Y_B}{\Delta X_A - \Delta X_B} = 0.$$

En effet, si θ désigne l'angle du plan tangent en A, à la surface élémentaire, avec le plan ZOX, on a manifestement

$$\operatorname{tg} \theta = \frac{\Delta Y_A}{\Delta X_A},$$

ΔX_A et ΔY_A ayant les valeurs déduites des formules (1), lorsque l'on particularise les axes en supposant que (u) et (v) soient lignes de courbure, c'est-à-dire en annulant D. Par conséquent, on suivra sur (O) une ligne satisfaisante si

$$\left.\begin{aligned}
&\left[du \left(f + \frac{d\xi}{du} + \frac{df}{g\,dv}\eta \right) + dv \left(\frac{d\xi}{dv} - \frac{dg}{f\,du}\eta \right) \right]^2 - P^2 \zeta^2\, du^2 \\
&+ \left[dv \left(g + \frac{d\eta}{dv} + \frac{dg}{f\,du}\xi \right) + du \left(\frac{d\eta}{du} - \frac{df}{g\,dv}\xi \right) \right]^2 - Q^2 \zeta^2\, dv^2
\end{aligned}\right\} = 0.$$

Équation du second degré en $\frac{dv}{du}$, comme nous l'avions annoncée. Dans la question qui nous occupe, cette équation doit être identique et alors, suivant toutes les directions, les plans tangents aux surfaces élémentaires, aux abouts des segments AB, sont rectangulaires. Pour que ces circonstances se réalisent, il faut écrire

$$\pm\frac{\mathrm{P}}{\mathrm{Q}} = \frac{f + \dfrac{d\xi}{du} + \dfrac{df}{g\,dv}\eta}{g + \dfrac{d\eta}{dv} + \dfrac{dg}{f\,du}\xi} = -\frac{\dfrac{d\eta}{du} - \dfrac{df}{g\,dv}\xi}{\dfrac{d\xi}{dv} - \dfrac{dg}{f\,du}\eta}, \tag{4}$$

en même temps que :

$$\zeta^2 = \frac{\left(f + \dfrac{d\xi}{du} + \dfrac{df}{g\,dv}\eta\right)^2 + \left(\dfrac{d\eta}{du} - \dfrac{df}{g\,dv}\xi\right)^2}{\mathrm{P}^2}$$

$$= \frac{\left(g + \dfrac{d\eta}{dv} + \dfrac{dg}{f\,du}\xi\right)^2 + \left(\dfrac{d\xi}{dv} - \dfrac{dg}{f\,du}\eta\right)^2}{\mathrm{Q}^2}, \tag{5}$$

système qui se réduit à trois équations.

§ 22.

Équation des foyers et plans principaux d'une congruence formée de droites
parallèles aux normales de la surface de référence.

Pour interpréter les relations précédentes, il faut établir les équations des foyers et des plans principaux de la congruence (D).

Conformément à ce qui a été dit ci-dessus, le plan tangent à la surface élémentaire, en un point de D dont l'ordonnée ζ peut être différente du ζ du point A, est défini par la relation

$$\operatorname{tg}\theta = \frac{dv\left(g + \dfrac{d\eta}{dv} + \dfrac{dg}{f\,du}\xi + \mathrm{Q}\zeta\right) + du\left(\dfrac{d\eta}{du} - \dfrac{df}{g\,dv}\xi\right)}{du\left(f + \dfrac{d\xi}{du} + \dfrac{df}{g\,dv}\eta + \mathrm{P}\zeta\right) + dv\left(\dfrac{d\xi}{dv} - \dfrac{dg}{f\,du}\eta\right)},$$

où θ est l'angle de ce plan et du plan ZOX.

On sait que les plans principaux sont tangents à toutes les surfaces élémentaires, aux foyers ; on obtiendra donc les valeurs de $\operatorname{tg}\theta$, afférentes aux plans principaux, et les valeurs de ζ, afférentes aux foyers, en écrivant que l'équation précédente est indépendante de du, dv.

Le procédé est général : nous l'appliquerons à chaque instant dans ce qui suivra, mais sans revenir sur sa justification.

On trouve ainsi, pour l'*équation des points principaux*

$$\left.\begin{aligned}
&\mathrm{P\,tg}^2\,\theta\left(\frac{d\xi}{dv}-\frac{dg}{f\,du}\eta\right)\\
&\quad-\mathrm{tg}\,\theta\left[\mathrm{P}\left(g+\frac{d\eta}{dv}+\frac{dg}{f\,du}\xi\right)-\mathrm{Q}\left(f+\frac{d\xi}{du}+\frac{df}{g\,dv}\eta\right)\right]\\
&\quad-\mathrm{Q}\left[\frac{d\eta}{du}-\frac{df}{g\,dv}\xi\right]
\end{aligned}\right\}=0 \qquad (6)$$

et pour l'équation donnant *les Z des foyers*

$$\left.\begin{aligned}
&\mathrm{PQZ}^2+\mathrm{Z}\left[\mathrm{P}\left(g+\frac{d\eta}{dv}+\frac{dg}{f\,du}\xi\right)+\mathrm{Q}\left(f+\frac{d\xi}{du}+\frac{df}{g\,dv}\eta\right)\right]\\
&\quad+\left(f+\frac{d\xi}{du}+\frac{df}{g\,dv}\eta\right)\left(g+\frac{d\eta}{dv}+\frac{dg}{f\,du}\xi\right)\\
&\quad-\left(\frac{d\xi}{dv}-\frac{dg}{f\,du}\eta\right)\left(\frac{d\eta}{du}-\frac{df}{g\,dv}\xi\right)
\end{aligned}\right\}=0. \qquad (7)$$

Dès lors, si Z_1 et Z_2 sont *les Z des deux foyers*, on a toujours

$$\mathrm{PQ}\cdot\mathrm{Z}_1\cdot\mathrm{Z}_2=\left(f+\frac{d\xi}{du}+\frac{df}{g\,dv}\eta\right)\left(g+\frac{d\eta}{dv}+\frac{dg}{f\,du}\xi\right)$$
$$-\left(\frac{d\xi}{dv}-\frac{dg}{f\,du}\eta\right)\left(\frac{d\eta}{du}-\frac{df}{g\,dv}\xi\right).$$

Si l'on revient au problème, on trouve, en tenant compte des équations (4) et (5)

$$\mathrm{Z}_1\mathrm{Z}_2=\pm\zeta^2,$$

première relation qui a lieu dans tous les cas. Faisons maintenant les deux hypothèses sur le signe.

§ 23.

La congruence peut être formée de normales à une surface; les surfaces d'about sont les surfaces focales.

Première hypothèse : mettons le signe $-$ devant $\frac{\mathrm{P}}{\mathrm{Q}}$; il vient alors :

$$\mathrm{P}\left(\frac{d\xi}{dv}-\frac{dg}{f\,du}\eta\right)-\mathrm{Q}\left(\frac{d\eta}{du}-\frac{df}{g\,dv}\xi\right)=0;$$

mais, si θ_1 et θ_2 caractérisent les deux plans tangents principaux, l'équation (6) rapprochée de la précédente, montre que celle-ci équivaut à la relation

$$1 + \operatorname{tg}\theta_1 \cdot \operatorname{tg}\theta_2 = 0.$$

En conséquence, dans ce cas, *la congruence est formée des normales à une famille de surfaces.*

On a d'ailleurs en même temps

$$\mathrm{P}\left(g + \frac{d\eta}{dv} + \frac{dg}{f\,du}\xi\right) + \mathrm{Q}\left(f + \frac{d\xi}{du} + \frac{df}{g\,dv}\eta\right) = 0.$$

Cette relation, rapprochée de l'équation (7), conduit à écrire

$$\mathrm{Z}_1 + \mathrm{Z}_2 = 0.$$

Comme on a en même temps

$$\mathrm{Z}_1\mathrm{Z}_2 = -\zeta^2 :$$

Les deux surfaces d'about (A) et (B) sont les deux surfaces focales de la congruence.

En effet, quelles que soient les surfaces élémentaires isolées dans une congruence de normales, les plans tangents aux foyers sont rectangulaires.

§ 24.

La congruence est isotrope.

Deuxième hypothèse : mettons le signe $+$ devant $\frac{\mathrm{P}}{\mathrm{Q}}$, nous avons alors les deux équations

$$\mathrm{P}\left(\frac{d\xi}{dv} - \frac{dg}{f\,du}\eta\right) + \mathrm{Q}\left(\frac{d\eta}{du} - \frac{df}{g\,dv}\xi\right) = 0,$$

$$\mathrm{Q}\left(f + \frac{d\xi}{du} + \frac{df}{g\,dv}\eta\right) - \mathrm{P}\left(g + \frac{d\eta}{dv} + \frac{dg}{f\,du}\xi\right) = 0,$$

en vertu desquelles l'équation des plans principaux se réduit à

$$\operatorname{tg}^2\theta + 1 = 0,$$

à moins que l'on n'ait

$$\mathrm{P}\left(\frac{d\xi}{dv} - \frac{dg}{f\,du}\eta\right) = \mathrm{Q}\left(\frac{d\eta}{du} - \frac{df}{g\,dv}\xi\right) = 0;$$

si cette particularité se réalisait, l'équation (6) serait entièrement indéterminée ; par conséquent la congruence serait formée de droites parallèles ou concourantes.

Écartant cette dernière hypothèse, on voit que *les plans principaux de la congruence sont isotropes. Par conséquent la congruence est isotrope, c'est-à-dire qu'elle a pour focales deux développables isotropes.*

On trouve, immédiatement, que les foyers de la congruence sont donnés par l'équation

$$Z = -\frac{g + \dfrac{d\eta}{dv} + \dfrac{dg}{f\,du}\xi}{Q} \pm \sqrt{-1}\,\frac{\dfrac{d\xi}{dv} - \dfrac{dg}{f\,du}\eta}{Q};$$

ils sont naturellement imaginaires.

Si l'on désigne par l la distance du pied M de la droite D au milieu du segment focal, et par $m\sqrt{-1}$ la valeur du demi-segment focal, on trouve

$$-l = \frac{g + \dfrac{d\eta}{dv} + \dfrac{dg}{f\,du}\xi}{Q} = \frac{f + \dfrac{d\xi}{du} + \dfrac{df}{g\,dv}\eta}{P},$$

$$m = \frac{\dfrac{d\xi}{dv} - \dfrac{dg}{f\,du}\eta}{Q} = -\frac{\dfrac{d\eta}{du} - \dfrac{df}{g\,dv}\xi}{P};$$

on en conclut

$$\zeta^2 = l^2 + m^2.$$

§ 25.

Sur une congruence isotrope les points des surfaces d'about sont conjugués par rapport aux foyers.

Il importe de définir complétement les surfaces d'about (A) et (B) par rapport à la congruence isotrope.

L'équation précédente (si l'on désigne par F le milieu du segment focal) équivaut à la relation

$$FA \cdot FB = -m^2.$$

On peut dès lors énoncer cette propriété, qui nous paraît importante :

Sur les droites d'une congruence isotrope, les points correspondants de deux surfaces d'about sont conjugués harmoniques par rapport aux foyers de la congruence.

Nous désignons par surfaces d'about, pour abréger, les surfaces (A) et (B) jouissant de la propriété de se correspondre par orthogonalité des plans tangents des surfaces élémentaires de la congruence, aux abouts des segments tels que AB.

On voit aussi que les surfaces d'about sont transformées l'une de l'autre par une loi analogue à celle des figures inverses (transformation par rayons vecteurs réciproques) et que, quelle que soit la congruence isotrope choisie, l'une des surfaces est arbitraire.

Pour donner dès l'abord un exemple des calculs habituels de la périmorphie et pour mettre en évidence un résultat très-général, nous allons montrer comment, lorsqu'on se donne arbitrairement la surface de référence (O) définie comme l'enveloppée des plans moyens perpendiculaires aux segments AB joignant les points de surfaces d'about inconnues, celles-ci peuvent être déterminées.

§ 26.

L'enveloppée moyenne d'une congruence isotrope est un élassoïde.

Ce problème serait identique à la recherche de toutes les congruences isotropes dont on ferait correspondre les droites par parallélisme aux normales de la surface de référence prise arbitrairement.

A l'aide des valeurs de l et m, on peut écrire

$$-\frac{d\eta}{dv} = Ql + g + \frac{dg}{f\,du}\xi, \qquad\qquad -\frac{d\eta}{du} = \ \ Pm - \frac{df}{g\,dv}\xi,$$

$$-\frac{d\xi}{du} = Pl + f + \frac{df}{g\,dv}\eta, \qquad\qquad -\frac{d\xi}{dv} = -Qm - \frac{dg}{f\,du}\eta,$$

et rien n'empêche de prendre pour variables principales l et m. Exprimant que les deux valeurs de $\dfrac{d^2\eta}{du\,dv}$ et de $\dfrac{d^2\xi}{du\,dv}$ sont égales individuellement et, tenant compte des équations de Codazzi (3), il vient simplement :

$$\xi = \frac{dl}{P\,du} - \frac{dm}{Q\,dv},$$

$$\eta = \frac{dl}{Q\,dv} + \frac{dm}{P\,du}.$$

mais il importe de particulariser, afin de mettre en lumière, sans effort, la propriété capitale des congruences isotropes.

Puisque la surface de référence est arbitraire par rapport à la congruence isotrope (D), elle peut coïncider avec l'*enveloppée moyenne* de la congruence (voir § 2), on réalisera cette hypothèse en annulant l. Il vient alors :

$$\xi = -\frac{dm}{Q\,dv},$$

$$\eta = \ \ \frac{dm}{P\,du},$$

avec :

$$-\frac{d\eta}{dv} = g + \frac{dg}{f\,du}\xi, \qquad\qquad -\frac{d\eta}{du} = -\frac{df}{g\,dv}\zeta,$$

$$-\frac{d\xi}{du} = f + \frac{df}{g\,dv}\eta, \qquad\qquad -\frac{d\xi}{dv} = -Qm - \frac{dg}{f\,du}\eta.$$

Substituant les valeurs de ξ et η dans les quatre équations différentielles, on trouve

$$\left.\begin{aligned}
&\frac{d^2m}{du\,dv} - \frac{1}{P}\frac{dP}{dv}\frac{dZ}{du} - \frac{1}{Q}\frac{dQ}{du}\frac{dZ}{dv} = fQ = -gP,\\[2mm]
&\frac{d}{du}\left(\frac{dZ}{P\,du}\right) + \frac{dP}{Q^2\,dv}\frac{dZ}{dv} + PZ = 0,\\[2mm]
&\frac{d}{dv}\left(\frac{dZ}{Q\,dv}\right) + \frac{dQ}{P^2\,du}\frac{dZ}{dv} + QZ = 0.
\end{aligned}\right\} \qquad (8)$$

Les deux premières équations entraînant la relation

$$fQ + gP = 0,$$

on voit, d'après la signification de P et Q (§ 4), que la surface de référence est à courbure moyenne nulle.

Ainsi se trouve établie cette proposition, capitale dans notre étude : *L'enveloppée moyenne, d'une congruence isotrope, est un élassoïde.*

Avant d'aborder la résolution du groupe d'équations (8), établissons deux nouvelles propriétés essentielles des congruences isotropes.

§ 27.

La recherche des congruences isotropes est ramenée à celle des réseaux isométriques orthogonaux de la sphère.

Particularisons différemment la surface de référence, en admettant qu'elle coïncide avec une sphère. Dans ce cas le réseau (u, v) sera formé d'un réseau orthogonal arbitraire, et rien ne s'oppose à ce que nous le choisissions tel que les droites D soient, à chaque instant, situées dans le plan ZOX ; ces hypothèses seront réalisées, si l'on fait (*)

$$f = a \cdot P, \quad g = a \cdot Q.$$
$$\eta = 0.$$

______
(*) a étant le rayon de la sphère.

L'équation donnant la variation du plan tangent le long d'une droite D appartenant à une surface élémentaire devient, en appelant ρ la longueur $\zeta + a$ comptée à partir du centre de la sphère

$$\operatorname{tg}\theta = \frac{du\left(f_\rho + \dfrac{d\xi}{du}\right) + dv \cdot \dfrac{d\xi}{dv}}{-du\dfrac{df}{g\,dv}\cdot \xi + dv\left(g_\rho + \dfrac{dg}{f\,du}\xi\right)}. \tag{9}$$

L'équation des plans principaux devient

$$\operatorname{tg}^2\theta \cdot \xi\frac{df}{fg\,dv} + \operatorname{tg}\theta\left(\frac{d\xi}{f\,du} - \frac{dg}{fg\,du}\xi\right) + \frac{d\xi}{g\,dv} = 0.$$

Si la congruence (D) est isotrope, cette équation devra se réduire à

$$\operatorname{tg}^2\theta + 1 = 0.$$

Il faut donc que

$$\frac{d\xi}{\xi\,du} = \frac{dg}{g\,du},$$
$$\frac{d\xi}{\xi\,dv} = \frac{df}{f\,dv}.$$

on doit, en conséquence, avoir

$$\xi = f = g = \lambda$$

et le carré de l'élément linéaire de la sphère peut s'écrire

$$ds^2 = \lambda^2(du^2 + dv^2).$$

Ainsi la recherche des congruences isotropes est ramenée à celle des réseaux isométriques sphériques.

Soit tracé, sur une sphère, un réseau isométrique arbitraire, que sur les tangentes aux courbes de l'une des familles on porte, à partir des points de contact, des segments égaux aux valeurs de λ en ces points ; que, par les extrémités des segments, on mène des droites parallèles aux normales de la sphère, ces droites engendreront une congruence isotrope.

Le problème de l'intégration des réseaux isométriques sphériques a été résolu par M. Liouville ; on devra donc, de toute façon, trouver l'intégrale générale explicite des congruences isotropes ou des élassoïdes.

§ 28.

Pour une congruence isotrope le paramètre de distribution est fonction de droite, et toutes les lignes de striction sont situées sur une surface unique.

Mais revenons à l'équation de la surface élémentaire. Sur chacune des droites D, d'une surface élémentaire, existe un *point central* dont le lieu est appelé la *ligne de striction* de la surface élémentaire; le plan tangent à la surface au *point central*, dit le plan central, est perpendiculaire au *plan tangent à l'infini*. Enfin, il y a lieu de considérer ce que M. Chasles a défini *paramètre de distribution*; par abréviation nous le nommerons *paramètre*. On sait qu'en un point de la droite, distant de x du point central, le plan tangent fait, avec le plan central, un angle ω défini par l'équation

$$x = p \cdot \operatorname{tg} \omega,$$

où p représente la valeur du paramètre.

L'équation de la surface élémentaire doit s'écrire

$$\operatorname{tg} \theta = \frac{du\left(\lambda\rho + \dfrac{d\lambda}{du}\right) + \dfrac{d\lambda}{dv}\cdot dv}{-du\cdot\dfrac{d\lambda}{dv} + dv\left(\lambda\rho + \dfrac{d\lambda}{du}\right)}.$$

Le plan tangent à l'infini s'obtient en faisant ρ infini, on a donc :

$$\operatorname{tg}\theta_\infty = \frac{du}{dv}$$

et le plan central lui étant perpendiculaire, on doit avoir pour le déterminer

$$\operatorname{tg}\theta_c = \frac{du\left(\lambda\rho_c + \dfrac{d\lambda}{du}\right) + \dfrac{d\lambda}{dv}\cdot dv}{-du\cdot\dfrac{d\lambda}{dv} + dv\left(\lambda\rho_c + \dfrac{d\lambda}{du}\right)} = -\frac{dv}{du}.$$

Par conséquent, on déduit :

$$\rho_c = -\frac{d\lambda}{\lambda\,du}$$

et si l'on introduit $\operatorname{tg}\theta_c$ ainsi que ρ_c dans l'équation de la surface élémentaire, on trouve

$$\rho - \rho_c = -\frac{d\lambda}{\lambda\,dv}\frac{\operatorname{tg}\theta - \operatorname{tg}\theta_c}{1 + \operatorname{tg}\theta\cdot\operatorname{tg}\theta_c}.$$

On voit donc que le paramètre a pour valeur

$$p = -\frac{d\lambda}{\lambda\,dv};$$

mais un fait capital résulte de cette analyse :

1° *Pour toutes les surfaces élémentaires possibles, contenant une droite* D, *le paramètre est le même.*

2° *Le lieu des lignes de striction de toutes les surfaces élémentaires est une surface.*

Il est clair que la position du point central et la valeur du paramètre étant *invariantes* sur chaque droite D, sont liées aux éléments focaux.

Cherchons l'équation des foyers, elle se réduit ici à

$$\rho = -\frac{d\lambda}{\lambda\,du} \pm i\frac{d\lambda}{\lambda\,dv}.$$

On voit donc qu'il y a lieu d'énoncer les propriétés suivantes :

Étant donnée une congruence isotrope,

1° *Toutes les lignes de striction des surfaces élémentaires sont situées sur la surface moyenne de la congruence* (voir § 2).

2° *Sur chaque droite de la congruence le demi-segment focal est égal au produit, par* $\sqrt{-1}$, *du paramètre de toutes les surfaces élémentaires contenant la droite.*

§ 29.

Valeur du paramètre d'une congruence isotrope en fonction du segment focal.

Il importe de mettre hors de doute que si, inversement, on trouve une congruence où les lignes de striction de toutes les surfaces élémentaires possibles soient situées sur une surface, cette congruence est isotrope.

L'équation (ρ), se rapportant à une congruence arbitraire, montre que la condition précitée sera réalisée si l'équation en ρ afférente au point central, est indépendante de dv et du.

Cette équation s'obtient, comme tout à l'heure, en écrivant

$$-\frac{g\,dv}{f\,du} = \frac{du\left(f\rho_c + \dfrac{d\xi}{du}\right) + dv\dfrac{d\xi}{dv}}{-du\dfrac{df}{g\,dv}\xi + dv\left(g\rho_c + \dfrac{dg}{f\,du}\xi\right)}.$$

Pour qu'elle soit identique en du et dv :

$$\frac{df}{f\,dv} = \frac{d\xi}{\xi\,dv},$$
$$\frac{dg}{g\,du} = \frac{d\xi}{\xi\,du},$$
$$\rho_c = -\frac{d\xi}{f\,du}.$$

Les deux premières équations caractérisent la congruence isotrope, comme nous l'avons montré au § 27.

L'invariabilité du *paramètre* nécessite aussi que la congruence soit isotrope.

§ 30.

Diagramme d'une congruence isotrope imaginé par M. Mannheim.

Il n'est pas inutile de rapprocher ce qui précède d'un élégant diagramme imaginé par M. Mannheim, pour représenter le déplacement du point central et la variation du paramètre de distribution sur une droite D d'une congruence, lorsqu'on envisage toutes les surfaces élémentaires contenant la droite (voir *Journal de Liouville*, 2e série, t. XVII, 1872, page 123).

M. Mannheim énonce ainsi la propriété :

«Si dans un plan passant par un rayon d'un pinceau on porte, sur des perpendiculaires à ce rayon élevées des points centraux des surfaces élémentaires et à partir de ces points, des longueurs égales aux paramètres de distribution de ces surfaces, les extrémités des longueurs ainsi portées sont sur une circonférence C passant par les foyers du rayon.»

Chaque droite d'une congruence comporte ainsi un diagramme particulier. Dans l'espèce qui nous occupe, la projection du cercle-diagramme sur la droite D doit être nulle ; par conséquent le cercle se réduit à un point, et l'on voit immédiatement que la distance de ce point à la droite D est la valeur invariante du *paramètre*.

Nous abandonnerons pour un moment la voie qui s'ouvre pour l'étude des élassoïdes dans la considération des réseaux sphériques isométriques. Il importe avant tout de préciser la connexité des problèmes de recherche d'un élassoïde et d'une congruence isotrope.

CHAPITRE V.

CONGRUENCES ISOTROPES DONNANT LIEU AU MÊME ÉLASSOÏDE.

————

§ 31.

Mise en équation du problème de la recherche de toutes les congruences isotropes donnant lieu au même élassoïde moyen.

Nous avons montré que l'enveloppée moyenne d'une congruence isotrope est un élassoïde. Inversement, étant donné un élassoïde, comment trouver les congruences isotropes génératrices ? Tel sera le problème dont ce chapitre donnera la solution.

Prenons pour surface de référence l'élassoïde donné, et choisissons pour réseau (u, v) celui des lignes asymptotiques, qui est rectangulaire. Les équations de Codazzi (3) simplifiées par la disparition de P et de Q, qui sont nuls, deviennent :

$$g\frac{d\mathrm{D}}{du} + 2\frac{dg}{du}\mathrm{D} = 0,$$

$$f\frac{d\mathrm{D}}{dv} + 2\frac{df}{dv}\mathrm{D} = 0.$$

$$fg\mathrm{D}^2 = \frac{d}{du}\left(\frac{dg}{f\,du}\right) + \frac{d}{dv}\left(\frac{df}{g\,dv}\right).$$

Les deux premières entraînent

$$\mathrm{D}g^2 = \mathrm{V},$$

$$\mathrm{D}f^2 = \mathrm{U},$$

où U et V sont des fonctions arbitraires de u et v, mais le carré de l'élément linéaire étant de la forme

$$d\mathrm{S}^2 = \frac{\mathrm{U}\,du^2}{\mathrm{D}} + \frac{\mathrm{V}\,dv^2}{\mathrm{D}},$$

on peut toujours particulariser les variables u et v de telle façon que U et V soient égales à l'unité. Alors

$$f = g = \mathrm{D}^{-\frac{1}{2}}$$

et la troisième équation de Codazzi devient

$$2\mathrm{D} + \frac{d^2 \log \mathrm{D}}{du^2} + \frac{d^2 \log \mathrm{D}}{dv^2} = 0.$$

Ceci posé si ξ et η sont les coordonnées instantanées d'une droite D de la congruence, l'équation de la surface élémentaire sera, comme d'habitude :

$$\operatorname{tg}\theta = \frac{dv\left[g + \dfrac{d\eta}{dv} + \dfrac{dg}{f\,du}\xi\right] + du\left[\dfrac{d\eta}{du} - \dfrac{df}{g\,dv}\xi - f\mathrm{D}\zeta\right]}{du\left[f + \dfrac{d\xi}{du} + \dfrac{df}{g\,dv}\eta\right] + dv\left[\dfrac{d\xi}{dv} - \dfrac{dg}{f\,du}\eta - g\mathrm{D}\zeta\right]}.$$

Posant :

$$\mathrm{M} = g + \frac{d\eta}{dv} + \frac{dg}{f\,du}\xi, \quad \mathrm{M}' = f + \frac{d\xi}{du} + \frac{df}{g\,dv}\eta,$$

$$\mathrm{N} = \frac{d\eta}{du} - \frac{df}{g\,dv}\xi, \quad \mathrm{N}' = \frac{d\xi}{dv} - \frac{dg}{f\,du}\eta,$$

on trouve, pour l'équation des plans principaux :

$$-\operatorname{tg}^2\theta \cdot g\mathrm{D}\mathrm{M}' + \operatorname{tg}\theta(g\mathrm{D}\mathrm{N} - f\mathrm{D}\mathrm{N}') + f\mathrm{D}\cdot\mathrm{M} = 0;$$

pour l'équation des ordonnées des foyers :

$$-\zeta^2 fg\mathrm{D}^2 + \zeta(f\mathrm{D}\mathrm{N}' + g\mathrm{D}\mathrm{N}) + \mathrm{M}\mathrm{M}' - \mathrm{N}\mathrm{N}' = 0.$$

Écrivant que la congruence est isotrope, on obtient :

$$g\mathrm{N} - f\mathrm{N}' = 0,$$
$$f\mathrm{M} + g\mathrm{M}' = 0.$$

Si la surface de référence est l'enveloppée moyenne, dans l'équation en ζ, le terme du premier degré disparaît ; par conséquent

$$f\mathrm{N}' + g\mathrm{N} = 0.$$

En outre, les foyers seront déterminés par l'équation

$$\pm\sqrt{-1}\cdot\zeta fg\mathrm{D} = f\mathrm{M} = -g\mathrm{M}';$$

et cette double relation, jointe à la suivante,

$$\mathrm{N} = \mathrm{N}' = 0$$

régit tout le problème.

Mais, d'après ce qui a été établi au § 28, si p désigne le *paramètre* de la droite D, on a en valeur absolue,

$$\zeta = \sqrt{-1}\,p,$$

par conséquent les équations du problème se réduisent au système

$$N = N' = 0,$$

$$pD = \frac{M}{g} = -\frac{M'}{f},$$

qui, développé, après substitution, devient :

$$\begin{cases} f + \dfrac{d\xi}{du} + \dfrac{df}{g\,dv}\eta + fDp = 0, & \dfrac{d\xi}{dv} - \dfrac{dg}{f\,du}\eta = 0, \\[2mm] g + \dfrac{d\eta}{dv} + \dfrac{dg}{f\,du}\xi - gDp = 0, & \dfrac{d\eta}{du} - \dfrac{df}{g\,dv}\xi = 0. \end{cases}$$

§ 32.

Réduction des équations à un système canonique.

Égalant les deux valeurs de $\dfrac{d^2\xi}{du\,dv}$, puis de $\dfrac{d^2\eta}{du\,dv}$, en tenant compte des valeurs de f et g en D, on trouve

$$\xi = \quad D^{-\frac{1}{2}}\frac{dp}{du},$$

$$\eta = -D^{-\frac{1}{2}}\frac{dp}{dv};$$

puis, substituant ces valeurs dans les équations du problème, on obtient le nouveau système.

$$\left.\begin{aligned} 1 + \frac{d^2p}{du^2} - \frac{dD}{2D\,du}\cdot\frac{dp}{du} + \frac{dD}{2D\,dv}\cdot\frac{dp}{dv} + Dp &= 0, \\[2mm] 1 - \frac{d^2p}{dv^2} + \frac{dD}{2D\,dv}\cdot\frac{dp}{dv} - \frac{dD}{2D\,du}\cdot\frac{dp}{du} - Dp &= 0, \\[2mm] \frac{d^2p}{du\,dv} - \frac{dD}{2D\,du}\cdot\frac{dp}{dv} - \frac{dD}{2D\,dv}\cdot\frac{dp}{du} &= 0. \end{aligned}\right\} \qquad (10)$$

Nous dirons que le problème est rendu canonique, en ce sens que les inconnues ξ et η sont données explicitement en fonction des paramètres p et D et de leurs dérivées.

Pour résoudre cet ensemble d'équations (10) complété par l'équation de Codazzi en D, non identique, nous poserons

$$u + \sqrt{-1} \cdot v = x,$$
$$u - \sqrt{-1} \cdot v = y,$$

x et y étant les coordonnées symétriques imaginaires habituelles. Le groupe se transforme ainsi :

$$\left.\begin{array}{c} \dfrac{D}{2} + \dfrac{d^2 \log D}{dx\,dy} = 0, \\[2ex] \dfrac{D}{2} \cdot p + \dfrac{d^2 p}{dx\,dy} = 0, \\[2ex] \dfrac{1}{2} + \dfrac{d^2 p}{dx^2} - \dfrac{dp}{dx} \cdot \dfrac{dD}{D\,dx} = 0, \\[2ex] \dfrac{1}{2} + \dfrac{d^2 p}{dy^2} - \dfrac{dp}{dy} \cdot \dfrac{dD}{D\,dy} = 0. \end{array}\right\} \tag{11}$$

§ 33.

Intégration des équations.

La première équation a été intégrée par M. Liouville (Notes.—*Application de l'analyse à la géométrie*) ; elle donne :

$$-\frac{D}{2} = \frac{2X'Y'}{(X+Y)^2},$$

X et Y désignant deux fonctions arbitraires, l'une de x l'autre de y, X' et Y' désignant les dérivées de ces quantités par rapport à x et y.

La seconde équation a été intégrée par M. Moutard, dans un très-beau mémoire publié dans le XLV$^\text{e}$ cahier du *Journal de l'École polytechnique* (page 5).

X_1, Y_1 désignant deux nouvelles fonctions arbitraires, la valeur la plus générale de p est :

$$p = \frac{X_1'}{X'} + \frac{Y_1'}{Y'} - 2\frac{X_1 + Y_1}{X + Y}.$$

Il s'agit maintenant de déterminer X et Y de telle façon, que les deux dernières équations du groupe (10) soient vérifiées. Effectuant la substitution, on obtient les deux équations définitives

$$\frac{1}{2} + \left(\frac{X_1'}{X'}\right)'' - \frac{X''}{X'}\left(\frac{X_1'}{X'}\right)' = 0,$$
$$\frac{1}{2} + \left(\frac{Y_1'}{Y'}\right)'' - \frac{Y''}{Y'}\left(\frac{Y_1'}{Y'}\right)' = 0,$$

qui, dans tous les cas, sont ramenées aux quadratures.

En somme, le carré de l'élément linéaire d'un élassoïde étant mis sous la forme

$$dS^2 = D^{-1}(du^2 + dv^2) = D^{-1} \cdot dx\, dy,$$

les coordonnées instantanées d'une droite de congruence isotrope satisfaisante auront pour valeurs

$$\xi = D^{-\frac{1}{2}}\frac{dp}{du}, \quad \eta = -D^{-\frac{1}{2}}\frac{dp}{dv},$$

où

$$D = -\frac{4X'Y'}{(X+Y)^2},$$

$$p = \frac{X_1'}{X'} + \frac{Y_1'}{Y'} - \frac{2(X_1 + Y_1)}{X+Y},$$

avec

$$X_1 = -\int dx\, X' \int dx\, X' \int \frac{dx}{2X'} + aX^2 + bX + c,$$

$$Y_1 = -\int dy\, Y' \int dy\, Y' \int \frac{dy}{2Y'} + a'Y^2 + b'Y + c',$$

$$(12)$$

où a, b, c, a', b', c', sont six constantes arbitraires introduites par les intégrations successives.

Il résulte de cette analyse *qu'un élassoïde donné est l'enveloppée moyenne d'une infinité de congruences isotropes.*

§ 34.

Construction géométrique de toutes les congruences isotropes satisfaisantes à l'aide de l'une d'entre elles.

Nous terminerons ce chapitre en montrant comment on peut déduire, d'une congruence isotrope donnée, par une construction géométrique, toutes les congruences isotropes satisfaisantes. La liaison de cette infinité de congruences est définie analytiquement par les équations (12) ; mais la loi géométrique fort remarquable qui la régit, ne saurait s'en déduire aisément. On y parvient, au contraire, sans difficulté en remontant aux équations (10).

Supposons que p_1 et p_2 soient deux valeurs de p satisfaisantes, c'est-à-dire donnant lieu à deux congruences isotropes admettant pour enveloppée moyenne la surface de référence. ξ_1, η_1, ξ_2, η_2 étant les coordonnées instantanées des droites D_1, D_2 correspondantes, nous aurons

$$\left.\begin{aligned}
\xi = \xi_2 - \xi_1 = D^{-\frac{1}{2}}\left(\frac{dp_2}{du} - \frac{dp_1}{du}\right) = \ \ D^{-\frac{1}{2}}\frac{d\pi}{du}, \\
\eta = \eta_2 - \eta_1 = -D^{-\frac{1}{2}}\left(\frac{dp_2}{dv} - \frac{dp_1}{dv}\right) = -D^{-\frac{1}{2}}\frac{d\pi}{dv},
\end{aligned}\right\} \tag{13}$$

en désignant par π la différence $p_2 - p_1$; chacune de ces quantités p_2 et p_1 vérifiant les équations (10), π vérifiera le groupe que voici :

$$\left.\begin{aligned}
\frac{d^2\pi}{du^2} - \frac{dD}{2D\,du}\cdot\frac{d\pi}{du} + \frac{dD}{2D\,dv}\cdot\frac{d\pi}{dv} + D\pi = 0, \\
\frac{d^2\pi}{dv^2} - \frac{dD}{2D\,dv}\cdot\frac{d\pi}{dv} + \frac{dD}{2D\,du}\cdot\frac{d\pi}{du} + D\pi = 0, \\
\frac{d^2\pi}{du\,dv} - \frac{dD}{2D\,du}\cdot\frac{d\pi}{dv} - \frac{dD}{2D\,dv}\cdot\frac{d\pi}{du} = 0.
\end{aligned}\right\} \tag{14}$$

Ceci posé, soient ξ, η, ζ les coordonnées instantanées d'un point O' d'un élassoïde identique à l'élassoïde de référence, et transporté parallèlement à lui-même dans l'espace. Il est clair que le segment OO' est constant en grandeur et en direction ; par conséquent, on doit avoir, quels que soient du et dv :

$$\Delta XO' = f\,du,$$
$$\Delta YO' = g\,dv,$$
$$\Delta ZO' = 0.$$

Il faut, par conséquent, que les équations (1) donnent :

$$\frac{d\xi}{du} + \frac{df}{g\,dv}\eta = \frac{d\eta}{dv} + \frac{dg}{f\,du}\xi = 0,$$

$$\frac{d\xi}{dv} - \frac{dg}{f\,du}\eta - gD\zeta = 0,$$

$$\frac{d\eta}{du} - \frac{df}{g\,dv}\xi - fD\zeta = 0,$$

$$\frac{d\zeta}{du} + fD\eta = \frac{d\zeta}{dv} + gD\xi = 0.$$

Tenant compte des valeurs de f et de g en fonction de D, le groupe précédent se ramène au groupe canonique que voici :

$$\xi = -\mathrm{D}^{-\frac{1}{2}}\frac{d\zeta}{dv},$$
$$\eta = -\mathrm{D}^{-\frac{1}{2}}\frac{d\zeta}{du},$$

complété par trois équations ne différant, de celles du groupe (14), que par le changement de π en ζ.

Les deux problèmes analytiques seront donc identifiés en posant

$$\xi = \eta_2 - \eta_1,$$
$$\eta = -(\xi_2 - \xi_1),$$
$$\zeta = \pi.$$

De là résulte cette transformation géométrique des congruences isotropes satisfaisantes :

Soit D *une droite d'une congruence isotrope* (D) *: transportons-la dans l'espace, parallèlement à elle-même, suivant une direction toujours la même, et d'une quantité constante, nous obtiendrons ainsi une nouvelle congruence* (D') *superposable à* (D). *Que l'on fasse tourner chaque droite* D' *de $\frac{\pi}{2}$ autour de la droite* D *correspondante, on engendrera une nouvelle congruence* (D''). *Cette nouvelle congruence* (D'') *sera isotrope, elle sera satisfaisante comme* (D).

La transformation précédente donne, de la façon la plus générale, avec *trois constantes arbitraires* distinctes, toutes les congruences isotropes satisfaisantes dérivées de l'une d'entre elles. Les six constantes du groupe (12) ne sont donc pas distinctes.

En définitive, adoptant une notation très-expressive qui est admise aujourd'hui, nous dirons :

Il existe ∞^3 congruences isotropes distinctes admettant le même élassoïde pour enveloppée moyenne. Elles se déduisent de l'une d'entre elles par un procédé cinématique ; à un moment déterminé, tous les paramètres de ces congruences diffèrent entre eux des mêmes quantités que les distances de tous les points fixes de l'espace au plan moyen commun.

CHAPITRE VI.

GÉNÉRATION D'UNE CONGRUENCE ISOTROPE ET DE SON
ENVELOPPÉE MOYENNE ÉLASSOÏDE.

—

Nous avons ramené la recherche des élassoïdes à celle des congruences isotropes ; il est vrai que cette seconde recherche conduit à considérer comme différentes des congruences donnant lieu au même élassoïde, mais, à l'inverse, une congruence considérée donne également naissance à une infinité d'élassoïdes. Pour le moment, il importe d'observer que la recherche des *élassoïdes algébriques* est ramenée à celle d'autant *de surfaces réglées algébriques.*

§ 35.

Une congruence isotrope est définie par une surface élémentaire.

Il est facile de voir qu'une surface gauche, réglée, considérée comme surface élémentaire d'une congruence isotrope, détermine entièrement cette congruence.

Que l'on considère en effet tous les plans isotropes menés par les génératrices de la surface réglée, ces plans auront pour enveloppes deux développables isotropes ; car, par chaque génératrice on pourra, en général, mener deux plans isotropes. Ces deux développables peuvent être considérées comme les focales d'une congruence isotrope dont la surface réglée originelle sera surface élémentaire.

Les opérations que nous venons de relater sont toutes algébriques ; on est donc en droit de conclure que l'enveloppée moyenne de la congruence sera algébrique si la surface gauche originelle est algébrique.

Mais avant de poursuivre, dans la voie qui s'ouvre ainsi, la solution du problème mis au concours par l'Académie, nous devons préciser les relations de l'enveloppée moyenne élassoïde (que pour abréger nous appellerons dorénavant l'élassoïde moyen) avec la congruence isotrope génératrice.

En outre, les congruences isotropes conduisant à une construction tangentielle des élassoïdes, il conviendra d'en déduire une génération ponctuelle. Telles seront les questions dont nous traiterons dans ce chapitre.

§ 36.

Calcul des éléments de l'élassoïde moyen quand on se donne une seule surface élémentaire.

Étant donnée une surface réglée élémentaire (d), si par chacun des points centraux on élève des plans perpendiculaires aux génératrices, ces plans envelopperont une surface développable circonscrite à l'élassoïde moyen ; il faut tout d'abord déterminer quelle sera la courbe de contact de la développable et de l'élassoïde.

Considérons un point M pris arbitrairement sur chacune des droites D de la congruence et voyons ce que deviennent les formules (1) lorsqu'on prend pour surface de référence l'élassoïde moyen, dans les conditions spécifiées au chapitre précédent. On a pour les coordonnées instantanées ξ et η

$$\xi = \mathrm{D}^{-\frac{1}{2}}\frac{dp}{du}, \quad \eta = -\mathrm{D}^{-\frac{1}{2}}\frac{dp}{dv};$$

ζ est arbitraire.

Si l'on tient compte des relations

$$f = g = \mathrm{D}^{-\frac{1}{2}},$$
$$\mathrm{P} = \mathrm{Q} = 0,$$

les formules (1) deviennent

$$\Delta\mathrm{X} = du\,\mathrm{D}^{-\frac{1}{2}}\left(1 + \frac{d^2p}{du^2} - \frac{d\mathrm{D}}{2\mathrm{D}\,du}\frac{dp}{du} + \frac{d\mathrm{D}}{2\mathrm{D}\,dv}\frac{dp}{dv}\right)$$
$$+ dv\,\mathrm{D}^{-\frac{1}{2}}\left(\frac{d^2p}{du\,dv} - \frac{d\mathrm{D}}{2\mathrm{D}\,dv}\frac{dp}{du} - \frac{d\mathrm{D}}{2\mathrm{D}\,du}\frac{dp}{dv} - \mathrm{D}\zeta\right),$$

$$\Delta\mathrm{Y} = du\,\mathrm{D}^{-\frac{1}{2}}\left(-\frac{d^2p}{du\,dv} + \frac{d\mathrm{D}}{2\mathrm{D}\,du}\frac{dp}{dv} + \frac{d\mathrm{D}}{2\mathrm{D}\,dv}\frac{dp}{du} - \mathrm{D}\zeta\right)$$
$$+ dv\,\mathrm{D}^{-\frac{1}{2}}\left(1 - \frac{d^2p}{dv^2} + \frac{d\mathrm{D}}{2\mathrm{D}\,dv}\frac{dp}{dv} + \frac{d\mathrm{D}}{2\mathrm{D}\,du}\frac{dp}{du}\right),$$

$$\Delta\mathrm{Z} = du\left(\frac{d\zeta}{du} - \frac{dp}{dv}\right) + dv\left(\frac{d\zeta}{dv} + \frac{dp}{du}\right).$$

Mais, si l'on tient compte des équations (10), il vient

$$\left.\begin{array}{l}
\Delta\mathrm{X} = -\mathrm{D}^{\frac{1}{2}}(p\,du + \zeta\,dv),\\[2mm]
\Delta\mathrm{Y} = \mathrm{D}^{\frac{1}{2}}(p\,dv + \zeta\,du),\\[2mm]
\Delta\mathrm{Z} = du\left(\dfrac{d\zeta}{du} - \dfrac{dp}{dv}\right) + dv\left(\dfrac{d\zeta}{dv} + \dfrac{dp}{du}\right).
\end{array}\right\} \qquad (15)$$

En particulier s'il s'agit du point central M on a :

$$\left.\begin{aligned}
\Delta X_M &= -D^{\frac{1}{2}}p\,du, \\
\Delta Y_M &= D^{\frac{1}{2}}p\,dv, \\
\Delta Z_M &= -du\,\frac{dp}{dv} + dv\,\frac{dp}{du}.
\end{aligned}\right\} \tag{16}$$

Lorsqu'on isolera, dans la congruence, une surface élémentaire, on suivra sur l'élassoïde un certain chemin caractérisé par les accroissements du, dv des paramètres, et ce chemin sera précisément la courbe de contact cherchée.

Pour déterminer le point de contact O, alors qu'on ne dispose que de la surface élémentaire (d), il faudra connaître, dans le plan central, deux droites s'y rencontrant.

Deux plans centraux consécutifs se couperont suivant une droite passant en O, direction conjuguée sur l'élassoïde, de la tangente à la courbe de contact cherchée. On peut considérer cette caractéristique du plan central comme connue, car elle résulte directement des éléments de la surface élémentaire ; ce sera *une* droite satisfaisante.

Cherchons à déterminer la droite OM. Le plan passant par la droite D et par OM sera tangent à la surface élémentaire en un point défini par la hauteur ζ' ; mais, dans l'espèce, l'équation donnant la variation des plans tangents le long de D devient [en désignant par θ l'angle du plan tangent au point $(\xi\,\eta\,\zeta)$ avec le plan ZOX]

$$\operatorname{tg}\theta = \frac{\Delta Y}{\Delta X} = -\frac{p\,dv - \zeta\,du}{p\,du + \zeta\,dv},$$

nous exprimerons que ce plan passe par O en écrivant

$$\operatorname{tg}\theta = \frac{\eta}{\xi} = -\frac{\dfrac{dp}{dv}}{\dfrac{dp}{du}} = -\frac{p\,dv - \zeta'\,du}{p\,du + \zeta'\,dv}.$$

Conséquemment

$$\zeta'\left(\frac{dp}{du}\,du + \frac{dp}{dv}\,dv\right) = p\left(\frac{dp}{du}\,dv - \frac{dp}{dv}\,du\right);$$

mais le groupe (16) montre que cette équation peut s'écrire

$$\zeta'\,\Delta p = p\cdot\Delta Z_M.$$

D'un autre côté, puisque M est le point central, si ω désigne l'angle du plan NMO avec le plan central, tangent en M à la surface élémentaire :

$$\zeta' = p\operatorname{tg}\omega,$$

on a donc, en somme

$$\mathrm{tg}\,\omega = \frac{\Delta Z_{\mathrm{M}}}{\Delta p}, \tag{17}$$

Δp est l'accroissement du paramètre de distribution quand on passe de la génératrice D à la génératrice infiniment voisine ; ΔZ_{M} n'est autre chose que la projection de l'arc infiniment petit de la ligne de striction sur la génératrice D. On voit donc que le plan OMN est entièrement défini à l'aide des éléments de la surface élémentaire.

§ 37.

Construction des éléments de l'élassoïde moyen à l'aide de ceux d'une surface élémentaire.

Si le calcul qui précède est utile (surtout lorsque l'on particularise la surface élémentaire), il ne conduit pas à une construction purement géométrique du point de contact. Pour l'obtenir, portons, de part et d'autre du point central, sur la génératrice D, un segment égal à p ; les extrémités de ces segments seront situées sur deux courbes (p) et (p') que l'on peut supposer tracées sur la surface élémentaire (d). Cherchons à déterminer les équations des plans normaux à ces courbes, aux points P et P', situés sur D. On a pour le point P, par exemple, situé au-dessus du plan XOY

$$\Delta X_p = -\mathrm{D}^{\frac{1}{2}} p(du + dv),$$
$$\Delta Y_p = \quad \mathrm{D}^{\frac{1}{2}} p(dv - du),$$
$$\Delta Z_p = du\left(\frac{dp}{du} - \frac{dp}{dv}\right) + dv\left(\frac{dp}{dv} + \frac{dp}{du}\right).$$

Mais l'équation du plan normal étant

$$(X - \xi)\Delta X_p + (Y - \eta)\Delta Y_p + (Z - \zeta)\Delta Z_p = 0,$$

devient, après substitution,

$$-X\mathrm{D}^{\frac{1}{2}}(du + dv) + Y\mathrm{D}^{\frac{1}{2}}(dv - du) + Z\left[\frac{dp}{p\,du}(du + dv) + \frac{dp}{p\,dv}(dv - du)\right] = 0.$$

Pour obtenir l'équation du plan normal en P', il faudrait opérer semblablement sur les valeurs de $\Delta XP'$, etc., on trouve

$$X\mathrm{D}^{\frac{1}{2}}(dv - du) + Y\mathrm{D}^{\frac{1}{2}}(du + dv) + Z\left[\frac{dp}{p\,du}(dv - du) - \frac{dp}{p\,dv}(du + dv)\right] = 0.$$

On voit 1° *que les deux plans normaux, aux courbes* (P) *et* (P'), *passent par le point de contact* O.

2° *Que ces plans normaux coupent le plan moyen suivant deux droites rectangulaires inclinées à 45° sur la caractéristique.*

§ 38.

L'élassoïde moyen est le lieu des milieux des cordes rencontrant les arêtes de rebroussement des développables focales de la congruence isotrope.

On pourra, de la sorte, connaissant une surface élémentaire de la congruence, déterminer le contour suivant lequel les plans moyens touchent l'élassoïde ; mais il est nécessaire de trouver une construction ponctuelle, dépendant des développables isotropes, focales de la congruence, afin d'obtenir une détermination indépendante des surfaces élémentaires prises isolément. A cet effet, il convient de rechercher les génératrices des développables isotropes qui rencontrent la droite D, et, sur ces génératrices, les points appartenant aux arêtes de rebroussement.

Les développables isotropes sont, en somme, les enveloppes des plans isotropes passant par D, plans dont les équations peuvent s'écrire

$$(Y - \eta) \pm (X - \xi)\sqrt{-1} = 0,$$

ou, si l'on veut :

$$Y + D^{-\frac{1}{2}}\frac{dp}{dv} \pm \left(X - D^{-\frac{1}{2}}\frac{dp}{du}\right)\sqrt{-1} = 0; \tag{18}$$

si l'on suit la surface élémentaire (u et v croissant de du, dv) les équations des plans isotropes nouveaux, considérés dans la seconde position du trièdre $OX'Y'Z'$, seront

$$Y' - \eta - \Delta\eta \pm (X' - \xi - \Delta\xi)\sqrt{-1} = 0.$$

Les équations (2) donnent (et nous entrons dans le détail de ces calculs, courants en périmorphie, parce que c'est la première fois que nous y avons recours dans ce mémoire)

$$\left.\begin{aligned}
X' &= -D^{-\frac{1}{2}}\,du + X + Y\left(+\frac{dD}{2D\,dv}\,du - \frac{dD}{2D\,du}\,dv\right) + ZD^{\frac{1}{2}}\,dv, \\
Y' &= -D^{-\frac{1}{2}}\,dv + X\left(+\frac{dD}{2D\,du}\,dv - \frac{dD}{2D\,dv}\,du\right) + Y + ZD^{\frac{1}{2}}\,du, \\
Z' &= -XD^{\frac{1}{2}}\,dv - YD^{\frac{1}{2}}\,du + Z.
\end{aligned}\right\} \tag{19}$$

On en déduit sans difficulté [en tenant compte de (18)] pour les équations des caractéristiques des plans isotropes

$$Z \pm p\sqrt{-1} = 0.$$

C'est là une simple vérification, car on savait que ces caractéristiques passent par les foyers situés sur D, lesquels sont précisément déterminés par l'équation précédente en Z ; quant à l'orthogonalité des génératrices des développables isotropes et de la droite D qui les rencontre, elle résultait du lemme suivant, établi par Poncelet.

Dans un plan, si deux droites OA, OB *sont rectangulaires, elles rencontrent la droite de l'infini en deux points* A *et* B *harmoniques conjugués par rapport aux ombilics* I *et* J.

Lorsque le plan considéré est isotrope, toute droite OB qu'il contient est orthogonale aux droites isotropes ; en effet, dans ce cas, les points I et J coïncident avec le point A. C'est pourquoi nous pouvons dire que, *dans un plan isotrope, toute droite du plan est orthogonale à la direction isotrope unique de ce plan.*

Ceci posé, cherchons, sur les génératrices des développables isotropes, les points appartenant aux arêtes de rebroussement. Rappelons tout d'abord que, *si des plans passent par les diverses génératrices d'une surface gauche, la caractéristique d'un plan rencontre la génératrice contenue dans le plan, au point où celui-ci touche la surface réglée.* Dans le cas où la surface est développable, le point de rencontre appartient à l'arête de rebroussement.

Dans le cas qui nous occupe, les plans

$$Z = \pm p\sqrt{-1}$$

ont des caractéristiques contenues dans les plans

$$Z' = \pm(p + \Delta p)\sqrt{-1},$$

ou d'après (19)

$$X\,dv + Y\,du \pm \sqrt{-1}\left(\frac{dp}{du}\,du + \frac{dp}{dv}\,dv\right) D^{-\frac{1}{2}} = 0,$$

soit en éliminant le symbole $\pm\sqrt{-1}$

$$X\,dv + Y\,du + Z\frac{D^{-\frac{1}{2}}}{p}\left(\frac{dp}{du}\,du + \frac{dp}{dv}\,dv\right) = 0.$$

Comme les points cherchés sont les mêmes, quels que soient du et dv, on voit qu'ils sont déterminés par les équations

$$X + ZD^{-\frac{1}{2}}\frac{dp}{p\,dv} = Y + ZD^{-\frac{1}{2}}\frac{dp}{p\,du} = 0.$$

Ainsi les points de contact, avec les arêtes de rebroussement des génératrices des développables rencontrant D, sont situés sur une droite passant par le point de contact O. D'un autre côté, comme les deux génératrices sont situées dans des plans parallèles au plan moyen, on voit que :

L'élassoïde moyen est le lieu des milieux des cordes rencontrant les arêtes de rebroussement des deux développables isotropes focales de la congruence.

Nous retrouvons ainsi la construction ponctuelle des élassoïdes, établie synthétiquement au § 14.

En fait, constatant que les plans représentés par

$$Z = \pm p\sqrt{-1}$$

enveloppent des *courbes de longueur nulle*, et non des surfaces, nous avions trouvé la génération ponctuelle des élassoïdes que M. Sophus Lie a publiée avant nous.

Nous aurons l'occasion, plus loin, de vérifier que les arêtes de rebroussement des développables isotropes sont bien des lignes de longueur nulle.

Pour le moment, voyons à déduire des conséquences des résultats établis dans ce chapitre.

CHAPITRE VII.

CONSÉQUENCES RELATIVES A UN ÉLASSOÏDE CONSIDÉRÉ ISOLÉMENT.

———

§ 39.

Construction de tous les couples de lignes isotropes donnant lieu au même élassoïde moyen. (Elles sont toutes identiques.)

Puisqu'il y a une ∞^3 de congruences isotropes admettant le même élassoïde moyen (§ 34), il y a ∞^3 manières de considérer l'élassoïde comme lieu des milieux des cordes joignant les points de deux lignes isotropes. Comme celles-ci sont toujours semblables aux lignes de longueur nulle tracées sur l'élassoïde, les arêtes de rebroussement des focales de congruences isotropes satisfaisantes forment des couples ou semblables ou identiques. Il est facile de trancher la question :

Soient (A) et (B) deux lignes isotropes satisfaisantes ; transportons (A) de droite à gauche, dans l'espace, d'une quantité Aa, suivant une direction arbitraire ; de même transportons (B) de gauche à droite parallèlement à Aa et d'une quantité Bb = Aa, manifestement les lieux des milieux des cordes telles que AB ou ab sont les mêmes.

Si donc on fait subir cette transformation (comportant *trois* constantes arbitraires) à un couple satisfaisant de lignes isotropes, on obtiendra le couple satisfaisant le plus général.

Vérifions cette conséquence par les procédés de périmorphie : des calculs du § 38, il résulte que les coordonnées instantanées des points A et B sont

$$\xi_A = -D^{-\frac{1}{2}}\frac{dp}{dv}\sqrt{-1}, \qquad \xi_B = D^{-\frac{1}{2}}\frac{dp}{dv}\sqrt{-1},$$

$$\eta_A = -D^{-\frac{1}{2}}\frac{dp}{du}\sqrt{-1}, \qquad \eta_B = D^{-\frac{1}{2}}\frac{dp}{du}\sqrt{-1},$$

$$\zeta_A = p\sqrt{-1}, \qquad \zeta_B = -p\sqrt{-1}.$$

Mais d'après les calculs du § 34, π désignant la projection du segment Aa sur OZ, les coordonnées du point a sont :

$$\xi_a = -\mathrm{D}^{-\frac{1}{2}}\left(\frac{dp}{dv}\sqrt{-1} + \frac{d\pi}{dv}\right),$$
$$\eta_a = -\mathrm{D}^{-\frac{1}{2}}\left(\frac{dp}{du}\sqrt{-1} + \frac{d\pi}{du}\right),$$
$$\zeta_a = p\sqrt{-1} + \pi.$$

D'ailleurs π satisfait aux équations (14). Posons

$$\pi = \sqrt{-1}(p_1 - p).$$

Les coordonnées du point a deviennent

$$\xi_a = -\mathrm{D}^{-\frac{1}{2}}\frac{dp_1}{dv}\sqrt{-1},$$
$$\eta_a = -\mathrm{D}^{-\frac{1}{2}}\frac{dp_1}{du}\sqrt{-1},$$
$$\zeta_a = p_1\sqrt{-1}$$

et par la façon même dont le groupe (14) a été obtenu, on voit que p_1 doit vérifier le groupe (10). Or ce dernier régit précisément le *paramètre* le plus général des congruences isotropes satisfaisantes ; les coordonnées du point a, exprimées en fonction de p_1, sont de même forme que les coordonnées du point A exprimées en fonction de p. On peut donc conclure que la transformation indiquée ci-dessus est la plus générale.

La vérification précédente permet de remarquer que si les droites d'une congruence isotrope (D) sont réelles, pour obtenir une nouvelle congruence isotrope (D′) réelle (dont par conséquent le paramètre soit réel), le segment constant Aa doit être imaginaire, le segment Bb est alors imaginaire conjugué.

Ces considérations accroissent l'intérêt de la transformation *réelle* trouvée au § 34 et qui permet de passer d'une congruence isotrope réelle à toutes les congruences isotropes réelles satisfaisantes.

Il convient, maintenant, de particulariser les surfaces élémentaires des congruences isotropes, afin d'établir diverses propriétés des élassoïdes.

§ 40.

L'élassoïde moyen est inscrit dans la polaire de la ligne double d'une congruence isotrope génératrice le long du lieu des centres de courbure de cette ligne double.

Un élassoïde réel est engendré ponctuellement par le point milieu de cordes réelles dont les extrémités décrivent deux lignes de longueur nulle, imaginaires conjuguées ; les deux développables isotropes, lieux des tangentes à ces courbes, sont imaginaires conjuguées, elles se coupent mutuellement suivant des *lignes doubles réelles.* La congruence isotrope qui admet ces développables conjuguées pour focales, est réelle. Les droites de la congruence qui rencontrent la ligne double, devant toucher à la fois chacune des développables, sont les tangentes de la ligne double. Dès lors *la ligne double réelle est l'arête de rebroussement d'une surface élémentaire développable.* Si l'on se reporte à la formule (17), ΔZ étant l'arc élémentaire de la ligne double, p étant nul (parce que la plus courte distance de deux génératrices consécutives de la surface élémentaire est infiniment petite du troisième ordre et que p est le quotient de cette distance par l'angle de deux génératrices consécutives, angle infiniment petit du premier ordre) Δp est nul et $\cot \omega$ est nulle.

Ainsi, le plan NMO est perpendiculaire au plan tangent à la développable, le long de la génératrice. La droite MO est donc la normale à la ligne double située dans le plan osculateur. Mais ici la caractéristique du plan moyen est la droite *polaire*, intersection des plans normaux consécutifs. En conséquence on peut dire que :

Tout élassoïde est inscrit à la développable polaire de la ligne double réelle, intersection des deux développables isotropes qui servent à l'engendrer ; la courbe de contact est le lieu des centres de courbure de la ligne double.

§ 41.

Sur un élassoïde donné on peut tracer une ∞^3 de lignes lieux des centres de courbure de courbes doubles.

Conséquemment, *sur un élassoïde quelconque, on peut tracer une ∞^3 de lignes, le long desquelles la surface est tangente aux développables polaires de courbes gauches.*

Si l'élassoïde est algébrique, toutes les congruences isotropes qui l'engendrent sont algébriques ; donc les courbes gauches, précitées, sont également algébriques. Elles sont du reste, en général, de même degré ; car ce sont les intersections de deux développables isotropes, déplacées, parallèlement à elles-mêmes, dans l'espace.

Inversement, si l'on prend, pour surface élémentaire d'une congruence isotrope, une surface développable, son arête de rebroussement sera ligne double (souvent partielle) du couple de développables isotropes satisfaisantes. Il suffira que la développable soit algébrique pour que l'élassoïde moyen soit algébrique.

C'est le cas de particulariser encore et de considérer une développable réduite à un plan : l'arête de rebroussement sera une courbe (C) arbitraire de ce plan, la surface polaire devient un cylindre, admettant pour section droite la développée (D) de la courbe (C). Cette développée est une géodésique de l'élassoïde.

§ 42.

Élassoïde admettant pour géodésique une courbe plane. Vérification de la transformation des congruences isotropes satisfaisantes.

On est donc en droit de dire avec Henneberg : *tout élassoïde, qui admet pour géodésique une courbe plane, (D), sera algébrique si (D) est la développée d'une courbe algébrique.*

A cette occasion, nous vérifierons la transformation réelle des congruences isotropes satisfaisantes, donnée au § 34.

Dans le cas particulier considéré, la surface élémentaire de la congruence est formée par les tangentes à une courbe (C) développante de la géodésique plane (D) ; on doit pouvoir adopter telle développante que l'on voudra et par conséquent la transformation précitée doit transformer les tangentes de la courbe (C) en tangentes d'une courbe parallèle. C'est ce qui a lieu en effet en considérant un déplacement des tangentes de (C) perpendiculaire au plan de cette courbe ; la rotation de 90° autour des tangentes primitives ramène les secondes tangentes dans le plan de (C) et à une distance constante des premières ; les droites transformées enveloppent donc une courbe parallèle à (C).

§ 43.

L'élassoïde moyen et la surface moyenne sont focales d'une même congruence.

Si dans la formule (17) on annule Δp, $\cot \omega$ est aussi nulle ; par conséquent les droites telles que OM sont normales aux surfaces élémentaires caractérisées par la constance du paramètre. Remarquons, à l'inverse, que si ΔZ est nul, les droites telles que OM sont tangentes aux surfaces élémentaires ; mais la condition

$$\Delta Z = 0$$

emporte que OM soit tangente à la ligne de striction. De ceci résulte une conséquence importante :

1° *Les droites joignant le point central* M *d'une droite* D *de la congruence isotrope, au point de contact* O *de l'élassoïde et du plan moyen, forment une congruence dont les focales sont l'élassoïde moyen et la surface moyenne.*

2° *Sur la surface moyenne, les trajectoires orthogonales des courbes enveloppes des droites* OM (arêtes de rebroussement d'une famille de développables principales) *sont les lignes de striction des surfaces élémentaires, de la congruence isotrope, dont le paramètre est constant.*

Nous sommes ainsi amenés à étudier les surfaces moyennes ; le prochain chapitre fera connaître les singulières propriétés de ces surfaces dont la théorie, si intimement liée à celle des élassoïdes, mettra définitivement en lumière toute l'importance des congruences isotropes.

CHAPITRE VIII.

PROPRIÉTÉS DES SURFACES MOYENNES.

———

§ 44.

La surface moyenne d'une congruence isotrope est le lieu des milieux de cordes égales entre elles dont les extrémités décrivent des surfaces applicables l'une sur l'autre.

A un élassoïde donné correspondent autant de surfaces moyennes que de congruences isotropes satisfaisantes, la transformation géométrique du § 34 permet de construire toutes ces surfaces quand on connaît l'une d'entre elles et la congruence isotrope lui donnant naissance.

Démontrons tout d'abord que les surfaces moyennes ont une définition propre indépendante des élassoïdes. Dans ce but, reprenons les formules (15) qui se rapportent aux Δx, Δy, Δz d'un point arbitraire N de la droite D et, par conséquent, à une surface arbitraire (N) coupant la congruence isotrope (D).

Supposons que sur D on porte, à chaque instant, une longueur constante c; l'extrémité du segment décrira une surface (C) caractérisée par le groupe

$$\Delta X = -D^{\frac{1}{2}}(p\,du + c\,dv),$$
$$\Delta Y = D^{\frac{1}{2}}(p\,dv - c\,du),$$
$$\Delta Z = -\frac{dp}{dv}\,du + \frac{dp}{du}\,dv;$$

et le carré de l'élément linéaire de cette surface a pour valeur

$$dS^2 = (p^2 + c^2)(du^2 + dv^2) + \left(\frac{dp}{du}\,dv - \frac{dp}{dv}\,du\right)^2.$$

Si sur les droites D, à partir de M, nous portons de haut en bas, le segment c, nous obtiendrons une nouvelle surface (c) dont le carré de l'élément linéaire sera identique à celui de (C) puisque cette expression ne contient que c^2. Conséquemment, *les deux surfaces* (C) *et* (C′) *sont applicables l'une sur l'autre.*

On obtiendra ainsi autant de couples de surfaces applicables qu'on donnera de valeur au paramètre c.

§ 45.

*Réciproque de la proposition qui précède énoncée sous forme de théorème de
géométrie cinématique.*

Réciproquement, *si les deux extrémités d'un segment constant de droite décrivent
deux surfaces* (C) *et* (C′) *applicables l'une sur l'autre, la droite engendre une congruence isotrope.*

Prenons pour surface de référence la surface que touchent tous les plans élevés
par les milieux des segments perpendiculairement aux segments mêmes, et pour simplifier les calculs, supposons que la droite D joignant les points CC′ est constamment
située dans le plan des ZOX, ce qui ne particularise que les axes (u, v).

Les coordonnées du point C seront

$$\xi, \quad O, \quad c,$$

celles du point C′ seront

$$\xi, \quad O, \quad -c.$$

Le groupe (1) devient, pour le point C :

$$\Delta X_c = (P\, du - gD\, dv)c + du\left(f + \frac{d\xi}{du}\right) + dv\,\frac{d\xi}{dv},$$

$$\Delta Y_c = (-fD\, du + Q\, dv)c - du\,\frac{df}{g\, dv}\xi + dv\left(g + \frac{dg}{f\, du}\xi\right),$$

$$\Delta Z_c = du\,(-P\xi + fD\eta) + dv\,(-Q\eta + gD\xi).$$

Pour le point C′ il faudrait changer le signe de c. Si les surfaces (C) et (C′) sont
applicables l'une sur l'autre, l'expression du dS^2 ne contient pas c au premier degré.

Il faut donc que l'équation

$$\left.\begin{array}{l}(-fD\, du + Q\, dv)\left[-du\,\dfrac{df}{g\, dv}\xi + dv\left(g + \dfrac{dg}{f\, du}\xi\right)\right] \\[2ex] + (P\, du - gD\, dv)\left[du\left(f + \dfrac{d\xi}{du}\right) + dv\,\dfrac{d\xi}{dv}\right]\end{array}\right\} = 0$$

soit identique, quels que soient du et dv.

Cela entraîne le groupe de conditions

$$-gD\left(f + \frac{d\xi}{du}\right) - fD\left(g + \frac{dg}{f\, du}\xi\right) - Q\frac{df}{g\, dv}\xi + P\frac{d\xi}{dv} = 0,$$

$$fD\frac{df}{g\, dv}\xi + P\left(f + \frac{d\xi}{du}\right) = 0,$$

$$Q\left(g + \frac{dg}{f\, du}\xi\right) - gD\frac{d\xi}{dv} = 0;$$

mais en tenant compte des deux dernières la première peut s'écrire

$$(PQ - fg D^2)\left[\frac{d\xi}{Q\,dv} - \frac{df}{P g\,dv}\xi\right] = 0;$$

et l'on peut mettre les trois équations de condition sous la forme simple [en supposant que (O) n'est pas développable]

$$\frac{\dfrac{d\xi}{\xi\,dv}}{Q} = \frac{\dfrac{df}{g\,dv}}{P} = \frac{\dfrac{1}{\xi} + \dfrac{dg}{fg\,du}}{D} = \frac{-\left(\dfrac{1}{\xi} + \dfrac{d\xi}{f\xi\,du}\right)}{D}. \, (^*) \tag{20}$$

D'un autre côté, si nous établissons comme d'habitude l'équation de la surface élémentaire de la congruence (D), puis celle des plans principaux, nous trouvons

$$\left.\begin{aligned}
&\operatorname{tg}^2\theta\left[P\frac{d\xi}{dv} + gD\left(f + \frac{d\xi}{du}\right)\right]\\
&+\operatorname{tg}\theta\left\{-P\left(g + \frac{dg}{f\,du}\xi\right) + Q\left(f + \frac{d\xi}{du}\right) + fD\frac{d\xi}{dv} + D\frac{df}{dv}\xi\right\}\\
&\qquad +Q\frac{df}{g\,dv}\xi - fD\left(g + \frac{dg}{f\,du}\xi\right)
\end{aligned}\right\} = 0. \tag{21}$$

Enfin, cherchant les équations des foyers, nous trouvons que leurs ordonnées satisfont à la condition

$$\left.\begin{aligned}
&\qquad Z^2(fg D^2 - PQ)\\
&-Z\left\{fD\left(\frac{d\xi}{dv}\right) - gD\frac{df}{g\,dv}\xi + Pg + Qf + Q\frac{d\xi}{du} + P\frac{dg}{f\,du}\xi\right\}\\
&\qquad -\frac{df}{g\,dv}\xi\frac{d\xi}{dv} - \left(f + \frac{d\xi}{du}\right)\left(g + \frac{dg}{f\,du}\xi\right)
\end{aligned}\right\} = 0. \tag{22}$$

Si l'équation (21) se réduit à

$$\operatorname{tg}^2\theta + 1 = 0,$$

et si (22) est privée du terme en Z, la congruence (D) est isotrope et la surface de référence est son enveloppée moyenne. Cela donne trois conditions identiques à celles du groupe (20). La proposition est donc vérifiée.

Conséquemment nous énoncerons cette proposition de *Géométrie cinématique* (en adoptant une locution de M. Mannheim).

Si deux points d'une droite de longueur constante décrivent deux surfaces applicables l'une sur l'autre : 1° cette droite engendre une congruence isotrope ; 2° le plan mené à égale distance des deux points et perpendiculaire à la droite enveloppe un élassoïde.

(*) Chacun des rapports (20) est encore égal au quotient du paramètre p par ξ. On sait qu'une conséquence de ces équations doit être l'égalité des quantités $\frac{P}{f}$ et $\frac{Q}{g}$.

§ 46.

*La surface moyenne d'une congruence isotrope correspond par orthogonalité des
éléments à la sphère.*

Ceci posé, rien n'est plus simple que de définir directement la surface moyenne.
Soient x, y, z les coordonnées cartésiennes, rectangulaires, prises par rapport à des
axes fixes, d'un point M de la surface moyenne; soient, d'autre part, x, y, z, les
coordonnées d'un point P d'une sphère de rayon c, point obtenu en menant par
le centre de la sphère un rayon parallèle à la droite D de la congruence isotrope
passant par M. Il est manifeste que les coordonnées des points C et C′ appartenant
aux surfaces applicables l'une sur l'autre sont :
pour C

$$(x + x_1), \quad (y + y_1), \quad (z + z_1),$$

pour C′

$$(x - x_1), \quad (y - y_1), \quad (z - z_1).$$

Puisque par hypothèse les surfaces (c) et (c') sont applicables l'une sur l'autre,
on a identiquement

$$d\overline{(x + x_1)}^2 + d\overline{(y + y_1)}^2 + d\overline{(z + z_1)}^2 = d\overline{(x - x_1)}^2 + d\overline{(y - y_1)}^2 + d\overline{(z - z_1)}^2,$$

d'où résulte

$$dx \cdot dx_1 + dy \cdot dy_1 + dz \cdot dz_1 = 0.$$

Et par conséquent on peut dire que *la surface moyenne d'une congruence isotrope
correspond par orthogonalité des éléments à la sphère.*

Les points correspondants sont : 1° sur une droite de la congruence, le point
central; 2° sur la sphère, le point image de la droite.

§ 47.

*De la correspondance par orthogonalité des éléments entre deux surfaces dont l'une
est une quadrique.*

Ainsi s'introduit dans la théorie des élassoïdes la considération importante de
la correspondance par orthogonalité des éléments. Ce mode de correspondance qui
va jouer un rôle capital dans nos recherches, a été imaginé par M. Moutard. Ce
géomètre en a fait une très-belle application en donnant l'intégrale avec deux fonctions arbitraires et même la construction géométrique des surfaces correspondant
aux quadriques par orthogonalité des éléments. La théorie qui nous occupe en dérive immédiatement puisqu'ici la quadrique se réduit à la sphère. Nous aurions pu
déduire de l'intégrale de M. Moutard la nature des surfaces moyennes des congruences isotropes, mais il importait de tout établir directement, et les équations (20)

nous serviront tout à l'heure. D'ailleurs les procédés de la périmorphie s'appliquent très-simplement au mode de correspondance de M. Moutard, ils conduisent à un théorème général, d'une grande simplicité, d'où découle avec évidence l'intégrale relative aux quadriques, intégrale qui a été le point de départ d'importantes recherches géométriques ou analytiques.

Les surfaces moyennes sont rattachées aux élassoïdes moyens par d'élégantes relations où figurent les courbures des deux surfaces ; nous allons les établir par les procédés de périmorphie, en insistant un peu sur leur emploi qui est absolument général.

§ 48.

Tout réseau conjugué de la surface moyenne correspond à un réseau conjugué de l'élassoïde moyen.

Le groupe (15) donnant les projections du déplacement du point M permet d'écrire immédiatement l'équation du plan tangent à la surface moyenne

$$\mathrm{X}\frac{dp}{dv} + \mathrm{Y}\frac{dp}{du} = \mathrm{D}^{\frac{1}{2}}p \cdot \mathrm{Z}. \tag{23}$$

Cherchons à déterminer la caractéristique du plan tangent à la surface moyenne. Le plan tangent au point M$'$ a pour équation, dans le second trièdre,

$$\mathrm{X}'\left(\frac{dp}{dv} + \Delta\frac{dp}{dv}\right) + \mathrm{Y}'\left(\frac{dp}{du} + \Delta\frac{dp}{du}\right) = (\mathrm{D}^{\frac{1}{2}}p + \Delta \cdot \mathrm{D}^{\frac{1}{2}}p)\mathrm{Z}'.$$

Les équations (19) permettent d'écrire pour la caractéristique

$$\left.\begin{aligned}
\mathrm{X}&\left[\left(\frac{d^2p}{du\,dv} - \frac{d\mathrm{D}}{2\mathrm{D}\,dv}\frac{dp}{du}\right)du + \left(\frac{d^2p}{dv^2} + \frac{d\mathrm{D}}{2\mathrm{D}\,du}\frac{dp}{du} + \mathrm{D}p\right)dv\right] \\
+\mathrm{Y}&\left[\left(\frac{d^2p}{du^2} + \frac{d\mathrm{D}}{2\mathrm{D}\,dv}\frac{dp}{dv} + \mathrm{D}p\right)du + \left(\frac{d^2p}{du\,dv} - \frac{d\mathrm{D}}{2\mathrm{D}\,du}\frac{dp}{dv}\right)dv\right] \\
-\frac{p}{2}&\mathrm{D}^{-\frac{1}{2}}\left(\frac{d\mathrm{D}}{du}du + \frac{d\mathrm{D}}{dv}dv\right)\mathrm{Z} - \mathrm{D}^{-\frac{1}{2}}\left(\frac{dp}{dv}du + \frac{dp}{du}dv\right)
\end{aligned}\right\} = 0.$$

Éliminant les dérivées secondes de p au moyen des équations du groupe (10), on trouve :

$$0 = \left\{\begin{aligned}
\mathrm{X}&\left[\frac{d\mathrm{D}}{2\mathrm{D}\,du}\frac{dp}{dv}du + \left(\frac{d\mathrm{D}}{2\mathrm{D}\,dv}\frac{dp}{dv} + 1\right)dv\right] \\
+\mathrm{Y}&\left[\left(\frac{d\mathrm{D}}{2\mathrm{D}\,du}\frac{dp}{du} - 1\right)du + \frac{d\mathrm{D}}{2\mathrm{D}\,dv}\frac{dp}{du}dv\right] \\
-\mathrm{Z}&\frac{p}{2}\mathrm{D}^{-\frac{1}{2}}\left(\frac{d\mathrm{D}}{du}du + \frac{d\mathrm{D}}{dv}dv\right) - \mathrm{D}^{-\frac{1}{2}}\left(\frac{dp}{du}du + \frac{dp}{dv}dv\right)
\end{aligned}\right\} \tag{24}$$

Soient du', dv' les accroissements qu'il faut donner aux paramètres u et v pour que le point M se déplace précisément suivant la caractéristique du chemin correspondant à du, dv, on obtiendra l'équation qui lie du', dv' à du, dv en remplaçant X, Y, Z dans la relation (24) privée de termes constants par ΔX, ΔY, ΔZ. Ce sera, si l'on veut, l'équation des directions conjuguées de la surface moyenne.

Les ΔX, ΔY, ΔZ sont donnés par le groupe (16) où du et dv sont remplacés par du' et dv'. On trouve après substitution et réduction

$$2\mathrm{D}(du'\, dv + dv'\, du) = 0.$$

Mais il est facile de voir que cette équation n'est autre que celle de directions conjuguées tracées sur l'élassoïde, car la caractéristique du plan moyen est déterminée par

$$\mathrm{Z} = \mathrm{X}\, dv + \mathrm{Y}\, du = 0,$$

et comme ici

$$\Delta \mathrm{X} = \mathrm{D}^{-\frac{1}{2}}\, du', \quad \Delta \mathrm{Y} = \mathrm{D}^{-\frac{1}{2}}\, dv',$$

remplaçant x et y par ΔX et ΔY, on trouve en définitive pour l'équation des directions conjuguées

$$du'\, dv + dv'\, du = 0. \tag{25}$$

Cette analyse établit donc un fait digne de remarque, savoir que, *sur la surface moyenne tout réseau conjugué correspond à un réseau conjugué tracé sur l'élassoïde moyen. En particulier, les lignes asymptotiques d'une surface moyenne correspondent aux lignes asymptotiques de l'élassoïde* puisqu'une famille d'asymptotiques représente un réseau conjugué dont les courbes des deux familles coïncident.

Le fait est d'autant plus remarquable qu'il y a une ∞^3 de surfaces moyennes correspondant à un même élassoïde.

§ 49.

Sur la surface moyenne et l'élassoïde moyen les lignes asymptotiques se correspondent.

Nous verrons tout à l'heure que l'intégration des lignes asymptotiques d'un élassoïde ne dépend jamais que de quadratures ; on peut donc dire que l'*intégration des asymptotiques des surfaces correspondant par orthogonalité des éléments à la sphère, est toujours ramenée aux quadratures.*

On peut encore conclure pour la projection de la direction conjuguée de l'élément de la surface moyenne correspondant à du, dv (projection effectuée sur le plan moyen)

$$\mathrm{X}\, dv - \mathrm{Y}\, du = \mathrm{D}^{-\frac{1}{2}} \left(\frac{dp}{du}\, du + \frac{dp}{dv}\, dv \right).$$

Cette équation montre que : si Oo', Oo'' sont deux directions conjuguées de l'élassoïde, si Mm', Mm'' sont les projections sur le plan moyen des directions conjuguées correspondantes de la surface moyenne Oo' et Mm'' sont parallèles, Oo'' et Mm' le sont aussi.

§ 50.

Calcul des rayons de courbure principaux de la surface moyenne.

La simplicité des résultats précédents tient à ce qu'on peut, dans les calculs, éliminer les différentielles secondes de p chaque fois qu'elles se présentent en tenant compte des équations (10). Il en sera de même pour tout ce qui tient au second ordre. En particulier il doit exister deux relations simples pour déterminer les courbures principales des surfaces moyennes ; leur recherche nous donnera l'occasion d'appliquer l'une des règles les plus utiles de la périmorphie, et de constater une analogie bien remarquable.

Soit en général (S) une surface, portons sur ces normales une longueur constante l, l'extrémité du segment décrit une surface (Σ) parallèle à (S) ; soient $d(\mathrm{S})$ et $d(\Sigma)$ les éléments d'aires correspondants des deux surfaces, R_1 et R_2 désignant les rayons de courbure principaux moyens de l'élément $d(\mathrm{S})$; on a, d'après un théorème de Gauss, rappelé au § 7 :

$$d(\Sigma) = \frac{(R_1 + l)(R_2 + l)}{R_1 R_2} d(\mathrm{S});$$

par conséquent

$$\frac{d(\Sigma)}{d(\mathrm{S})} = 1 + \frac{l^2}{R_1 R_2} + l\left(\frac{1}{R_1} + \frac{1}{R_2}\right).$$

Le rapport ne peut s'annuler que si l égale l'un des rayons de courbure principaux ; mais ce fait se présentera seulement si $d(\Sigma)$ est nul ; et cela nécessite que les projections de l'élément d'aire $d(\Sigma)$ sur les trois plans coordonnés soient nulles. En général, si l'une de ces projections est nulle, les deux autres le sont, et, par conséquent, $d(\Sigma)$ s'annule. Il n'y a d'exception que dans le cas où la normale à (S) serait parallèle à l'un des plans coordonnés.

En périmorphie, on porte, sur les normales à la surface (S), une longueur l constante, on calcule, comme d'habitude, les ΔX, ΔY, ΔZ de l'extrémité ; il est visible que la projection de l'élément $d(\Sigma)$, sur le plan instantané XOY, est proportionnelle à

$$\Delta Y_v \Delta X_u - \Delta Y_u \Delta X_v.$$

(En désignant par ΔX_u, ΔY_u les valeurs de ΔX, ΔY lorsque u varie seul.) Écrivant que l'expression ci-dessus est nulle, on obtiendra une équation du second degré en l, qui détermine les rayons de courbure principaux.

Désignant par γ le cosinus de l'angle que fait la normale à la surface moyenne avec OZ, on déduit de (23)

$$-\frac{p}{\gamma} = \sqrt{p^2 + \frac{1}{\mathrm{D}}\left[\left(\frac{dp}{du}\right)^2 + \left(\frac{dp}{dv}\right)^2\right]}.$$

Les coordonnées instantanées du point de la surface parallèle à (M) et distante de l de cette surface, sont

$$\zeta = l\gamma,$$

$$\xi = \ \mathrm{D}^{-\frac{1}{2}}\frac{dp}{du} - l\gamma\frac{dp}{p\,dv}\mathrm{D}^{-\frac{1}{2}},$$

$$\eta = -\mathrm{D}^{-\frac{1}{2}}\frac{dp}{dv} - l\gamma\frac{dp}{p\,du}\mathrm{D}^{-\frac{1}{2}}.$$

On trouve à l'aide des formules (1) :

$$\frac{\Delta \mathrm{X}_u}{\mathrm{D}^{-\frac{1}{2}}\,du} = -\mathrm{D}p + \frac{l\gamma}{p}\left(\frac{1}{p}\frac{dp}{du}\frac{dp}{dv} - \frac{d\gamma}{\gamma\,du}\frac{dp}{dv}\right)$$

que nous écrirons

$$\frac{\Delta \mathrm{X}_u}{\mathrm{D}^{-\frac{1}{2}}\,du} = -\mathrm{D}p + l\gamma\frac{dp}{p\,dv}\frac{d}{du}\log\left(\frac{p}{\gamma}\right);$$

de même

$$\frac{\Delta \mathrm{X}_v}{\mathrm{D}^{-\frac{1}{2}}\,dv} = \frac{l\gamma}{p}\left[-1 + \frac{dp}{dv}\cdot\frac{d}{dv}\log\left(\frac{p}{\gamma}\right)\right],$$

également

$$\frac{\Delta \mathrm{Y}_u}{\mathrm{D}^{-\frac{1}{2}}\,du} = \frac{l\gamma}{p}\left[1 + \frac{dp}{du}\frac{d}{du}\log\left(\frac{p}{\gamma}\right)\right],$$

et, enfin,

$$\frac{\Delta \mathrm{Y}_v}{\mathrm{D}^{-\frac{1}{2}}\,dv} = \mathrm{D}p + \frac{l\gamma}{p}\frac{dp}{du}\cdot\frac{d}{dv}\log\left(\frac{p}{\gamma}\right);$$

on en conclut, pour l'équation des rayons de courbure principaux, comme il a été dit :

$$\left.\begin{array}{l}\dfrac{l^2\gamma^2}{p^2}\left[-1 + \dfrac{dp}{dv}\dfrac{d}{dv}\log\left(\dfrac{p}{\gamma}\right) - \dfrac{dp}{du}\dfrac{d}{du}\log\left(\dfrac{p}{\gamma}\right)\right] \\[3mm] -\mathrm{D}l\gamma\left[+\dfrac{dp}{dv}\dfrac{d}{du}\log\left(\dfrac{p}{\gamma}\right) - \dfrac{dp}{du}\dfrac{d}{dv}\log\left(\dfrac{p}{\gamma}\right)\right] + \mathrm{D}^2p^2\end{array}\right\} = 0.$$

Comme on trouve

$$\frac{d}{du}\log\frac{p}{\gamma} = \frac{-\dfrac{dp}{\mathrm{D}\,du}}{p^2 + \dfrac{1}{\mathrm{D}}\left[\left(\dfrac{dp}{du}\right)^2 + \left(\dfrac{dp}{dv}\right)^2\right]},$$

et

$$\frac{d}{dv}\log\frac{p}{\gamma} = \frac{\dfrac{dp}{\mathrm{D}\,dv}}{p^2 + \dfrac{1}{\mathrm{D}}\left[\left(\dfrac{dp}{du}\right)^2 + \left(\dfrac{dp}{dv}\right)^2\right]},$$

il vient, en définitive,

$$l^2 - 2\frac{l}{\gamma}\mathrm{D}\frac{dp}{du}\mathrm{D}^{-\frac{1}{2}}\cdot\frac{dp}{dv}\mathrm{D}^{-\frac{1}{2}} - \frac{\mathrm{D}^2 p^4}{\gamma^4} = 0.$$

Nous en déduirons, en désignant par L_1 et L_2 les deux rayons de courbure principaux de la surface moyenne

$$\mathrm{L}_1 + \mathrm{L}_2 = -\frac{2}{\gamma}\mathrm{D}\cdot\eta_{\mathrm{M}}\cdot\xi_{\mathrm{M}} \tag{26}$$

avec

$$\mathrm{L}_1 \cdot \mathrm{L}_2 = -\frac{\mathrm{D}^2 \cdot p^4}{\gamma^4} \tag{27}$$

§ 51.

Relation entre les courbures de la surface moyenne et de l'élassoïde moyen.

Laissons de côté provisoirement l'équation (26) et ne nous occupons que de (27).

Si R_1 et R_2 sont les rayons de courbure principaux de l'élassoïde, égaux d'ailleurs en valeur absolue, on a

$$\mathrm{D} = \frac{1}{\sqrt{-\mathrm{R}_1\mathrm{R}_2}}.$$

Désignons par V l'angle des normales à la surface moyenne (M) et à l'élassoïde moyen (O) ; on a

$$\overline{\mathrm{OM}}^2 = \frac{1}{\mathrm{D}}\left[\left(\frac{dp}{du}\right)^2 + \left(\frac{dp}{dv}\right)^2\right],$$

d'un autre côté

$$p^2 \cdot \operatorname{tg}^2 V = \frac{1}{D}\left[\left(\frac{dp}{du}\right)^2 + \left(\frac{dp}{dv}\right)^2\right].$$

Conséquemment, (27) équivaut à la relation géométrique

$$L_1 L_2 \cdot R_1 R_2 = \frac{\overline{OM}^4}{\sin V^4} \tag{28}$$

§ 52.

La relation qui précède se retrouve en étudiant les nappes de la développée d'une surface dont les rayons de courbure principaux sont liés, et en général dans la théorie de la correspondance par orthogonalité des éléments.

C'est ici qu'il convient de faire un rapprochement.

Nous avons montré que les deux nappes de la développée d'une surface dont les rayons de courbure sont liés (surfaces considérées pour la première fois par M. Weingarten), se correspondent de telle manière qu'aux asymptotiques de l'une correspondent les asymptotiques de l'autre. M. Halphen a ensuite établi que si R_1, R_2 sont les rayons de courbure principaux de l'une des nappes, L_1, L_2 ceux de l'autre nappe et OM le segment de normale compris entre les deux nappes de la développée,

$$L_1 L_2 \cdot R_1 R_2 = \overline{OM}^4.$$

Dans l'espèce, la congruence, admettant les deux surfaces considérées comme focales, a ses plans principaux rectangulaires ; on peut donc dire que l'équation (28) régit aussi les relations des deux nappes, puisque $\sin V$ est égal à l'unité.

Ces propriétés similaires tiennent à des lois beaucoup plus générales se rapportant aux liaisons des nappes de congruences particulières. C'est ce que nous établirions en rattachant toutes ces théories à celles des couples de surfaces applicables l'une sur l'autre.

Mais nous devons nous refuser à nous écarter plus longtemps de la théorie des élassoïdes ; nous aurons d'ailleurs encore l'occasion de faire allusion à plusieurs théorèmes généraux qui trouvent de remarquables applications dans la théorie des élassoïdes. (Voir chapitre XXII.)

Revenons aux surfaces moyennes, et cherchons s'il n'est pas possible qu'une surface moyenne soit élassoïde.

$$\S\ 53.$$

La surface moyenne ne peut être un élassoïde réel qu'en coïncidant avec une surface de vis à filet quarré qui est aussi l'élassoïde moyen.

Il faut d'après (26) que

$$\eta_{\mathrm{M}} - \xi_{\mathrm{M}} = 0.$$

La droite OM serait donc toujours tangente à une asymptotique de l'élassoïde (o), mais le résultat s'obtient très-facilement à l'aide des équations (20) : puisque l'axe des X est une asymptote de l'indicatrice, on doit avoir

$$\mathrm{P} = \frac{df}{g\,dv} = 0.$$

Donc, *l'élassoïde est réglé*, puisque l'asymptotique (8) est géodésique. D'après un théorème dû à M. Catalan, on sait que l'élassoïde (quand il est réel) n'est autre chose que la surface de vis à filet quarré.

Comme il n'est pas sans intérêt de faire connaître les congruences isotropes assez singulières, dont nous venons de signaler l'existence, nous établirons, par nos procédés, le résultat de M. Catalan, et nous intégrerons le groupe (20).

Pour éviter les imaginaires, il convient de revenir aux premiers calculs du § 29. De ce que les lignes (8) sont à la fois asymptotiques et géodésiques,

$$\mathrm{D}g^2 = \mathrm{V},$$
$$\mathrm{D} = \mathrm{U},$$

f étant pris égal à l'unité. La troisième des équations de Codazzi donne, pour déterminer g,

$$\frac{\mathrm{V}^2}{g^5} = \frac{d^2 g}{du^2}$$

dont l'intégrale générale est ici

$$g^2 = \mathrm{L}u^2 + 2\mathrm{M}u + \mathrm{N},$$

moyennant que

$$\mathrm{V} = \mathrm{NL} - \mathrm{M}^2;$$

mais comme on doit avoir

$$\frac{1}{\mathrm{D}} = \frac{\mathrm{L}u^2 + 2\mathrm{M}u + \mathrm{N}}{\mathrm{NL} - \mathrm{M}^2} = \frac{1}{u},$$

L, M et N doivent être des constantes.

Dans le cas où L ne sera pas nul, on changera de variable en prenant une nouvelle v définie par

$$dv_1 = \sqrt{L}\,dv,$$

et si l'on prend pour nouvelle variable u, un terme convenable, on voit que le carré de l'élément linéaire de la surface peut s'écrire

$$ds^2 = du^2 + (u^2 + A^2)\,dv^2. \tag{29}$$

Au contraire, dans le cas où L serait nul, on pourrait écrire cette expression sous l'une des formes

$$ds^2 = du^2 + u\,dv^2 \tag{30}$$
$$ds^2 = du^2 + dv^2.$$

Cette dernière caractérise le plan.

Dans l'hypothèse correspondant à l'équation (29), on a

$$D = \frac{1}{\sqrt{-R_1 R_2}} = \frac{A}{u^2 + A^2},$$

les rayons de courbure principaux sont réels puisqu'ils sont égaux et qu'ils doivent être de signes opposés, pour que la surface soit réelle.

Dans l'hypothèse caractérisée par l'équation (30)

$$-D^2 = \frac{1}{4u^2} = \frac{1}{R_1 R_2};$$

donc, pour toute valeur réelle de u, les rayons de courbure principaux seront de même signe ; la surface est imaginaire. (Les congruences isotropes ne peuvent apparaître dans les présents calculs basés sur l'hypothèse de l'orthogonalité de lignes asymptotiques distinctes).

Revenons à l'équation (29), on a

$$\frac{dg}{g\,du} = \frac{u}{u^2 + A^2}.$$

Or, cette expression exprime la courbure géodésique des lignes (u) ; et comme les plans osculateurs sont tangents à l'élassoïde, on voit que les premières courbures de ces courbes sont constantes tout le long de l'une d'entre elles.

Le rayon de seconde courbure D est dans le même cas.

Les lignes (u) sont donc des *hélices* orthogonales aux génératrices (v) ; l'une de ces hélices se réduit à une droite, au cas où u s'annule. La surface est une *surface de vis à filet quarré*, comme l'avait indiqué, depuis longtemps, M. Catalan.

§ 54.

Recherche des congruences isotropes dont la surface moyenne est élassoïde.

Passons à la détermination des congruences isotropes admettant cette surface de vis pour surface moyenne.

Il est clair qu'il doit entrer dans leur définition une constante arbitraire, car si l'on opère sur une congruence satisfaisante la transformation du § 34 en prenant pour direction fixe celle de l'hélice réduite à une droite, on obtient encore une congruence isotrope satisfaisante.

Ici le groupe (20) se réduit à

$$\frac{d\xi}{dv} = 0,$$
$$\frac{d(g\xi)}{du} = -2g.$$

Si u désigne la distance d'un point M' de la génératrice de l'héliçoïde à l'axe OZ, θ désignant l'angle de la normale en M' avec cet axe, on a

$$u = A \cot \theta,$$
$$g = \frac{A}{\sin \theta},$$

et, par conséquent,

$$d\left(\frac{A\xi}{\sin \theta}\right) = 2\frac{A^2}{\sin^3 \theta}\, d\theta,$$

on en conclut

$$\frac{\xi + A \cot \theta}{\sin \theta} = A \log \operatorname{tg} \frac{\theta}{2} + C.$$

Si D est la droite de la congruence isotrope,

$$CP = \xi + A \cot \theta.$$

Nous voulons seulement faire observer que si l'on considère les surfaces élémentaires de la congruence admettant pour lignes de striction les génératrices de l'héliçoïde, on aura une *famille de surfaces identiques, déplacées héliçoïdalement* (*).

(*) L'équation

$$u = \sin \theta A \left(\log \operatorname{tg} \frac{\theta}{2} + C\right)$$

est l'équation de la surface réglée élémentaire.

La transformation du § 34, effectuée avec généralité, donnera, avec deux constantes arbitraires, des surfaces moyennes dont les asymptotiques correspondront aux génératrices et aux hélices orthogonales de la surface de vis.

Enfin, l'équation (28) doit être vérifiée identiquement si l'on prend deux points arbitraires, situés sur une même génératrice de l'héliçoïde, sans quoi la relation précitée donnerait l'intégrale des congruences isotropes satisfaisantes, chose impossible, puisque la constante fait défaut. La vérification se fait immédiatement.

Nous ne poursuivrons pas plus loin l'étude des surfaces moyennes qui se prêterait pourtant à d'intéressants développements. Nous avons désiré faire voir, par ce qui précède, combien la considération des congruences isotropes est motivée. Nous allons montrer maintenant comment en cherchant à obtenir, par les procédés les plus simples, les congruences isotropes, on arrive naturellement à étendre encore la théorie des élassoïdes.

CHAPITRE IX.

CONGRUENCES ISOTROPES DÉRIVÉES DE LA SPHÈRE.

§ 55.

Formules donnant le ds^2 d'une surface, ses lignes de courbure et asymptotiques, les rayons de courbure principaux, en fonction des éléments sphériques de l'image.

Avant de poursuivre les conséquences des résultats obtenus au § 28 qui rattachent à la théorie des réseaux isométriques sphériques celle des congruences isotropes, il est nécessaire d'établir rapidement quelques calculs ayant trait à la représentation sphérique des surfaces, et qui, d'ailleurs, s'obtiennent aisément par les procédés de périmorphie.

Prenons pour surface de référence une sphère de rayon un, pour réseau (u, v) un réseau isométrique ; soit p la distance au plan tangent d'une surface arbitraire (A), du centre de la sphère. L'équation instantanée du plan tangent est

$$Z - p + 1 = 0.$$

On obtiendra le point de contact en cherchant l'enveloppe des caractéristiques.

Dans l'espèce, comme

$$ds^2 = \lambda^2(du^2 + dv^2),$$
$$P = Q = \lambda, \quad D = 0,$$

l'équation du plan tangent dans sa seconde position est

$$Z + \left(\lambda X - \frac{dp}{du}\right) du + \left(\lambda Y - \frac{dp}{dv}\right) dv + 1 = 0.$$

On voit que les coordonnées instantanées du point de contact ont pour valeurs

$$\xi = \frac{dp}{\lambda\, du}, \quad \eta = \frac{dp}{\lambda\, dv}.$$

Si l'on suit un chemin caractérisé par les accroissements du, dv sur la sphère, le point A de contact décrit une courbe et les normales le long de celle-ci, à la surface (A) normales parallèles à celles de la sphère, engendrent une surface élémentaire ou *normalie* (d'après une locution introduite par M. Mannheim). On a, comme d'habitude, pour l'équation de la variation du plan tangent le long d'une normale appartenant à la surface élémentaire

$$\operatorname{tg}\theta = \frac{du\left(\dfrac{d\eta}{du} - \dfrac{d\lambda}{\lambda\,dv}\xi\right) + dv\left(\dfrac{d\eta}{dv} + \lambda l + \dfrac{d\lambda}{\lambda\,du}\xi\right)}{du\left(\dfrac{d\xi}{du} + \lambda l + \dfrac{d\lambda}{\lambda\,dv}\eta\right) + dv\left(\dfrac{d\xi}{dv} - \dfrac{d\lambda}{\lambda\,du}\eta\right)}. \tag{31}$$

Tenant compte des valeurs de ξ et de η, passant aux coordonnées symétriques imaginaires, et posant

$$a = \frac{dp}{\lambda^2\,dx},$$

$$b = \frac{dp}{\lambda^2\,dy},$$

$$c = \frac{1}{\lambda^2}\frac{d^2p}{dx\,dy},$$

il vient

$$e^{-2i\theta} = \frac{dx\,\dfrac{da}{dx} + dy\left(c + \dfrac{l}{2}\right)}{dx\left(c + \dfrac{l}{2}\right) + dy\,\dfrac{db}{dy}} \tag{32}$$

équation dans laquelle θ est l'angle du plan tangent à la normalie et du plan ZOX, $l - 1$ est la hauteur au-dessus du plan XOY du point de contact du plan tangent précité.

Puisqu'on a les valeurs instantanées des coordonnées du point de contact A, rien n'est plus simple que de former les ΔX, ΔY, ΔZ de ce point. Élevant au carré ces expressions et ajoutant, on trouve pour le carré de l'élément linéaire de la surface (A)

$$\frac{dS^2}{\lambda^2} = (p + 2c)\left[2\frac{da}{dx}\,dx^2 + (p + 2c)\,dx\cdot dy + 2\frac{db}{dy}\,dy^2\right] + 4\frac{da}{dx}\cdot\frac{db}{dy}\,dx\,dy. \tag{33}$$

L'équation (32) permet de trouver l'expression des rayons de courbure principaux de la surface (A) ainsi que les équations des images sphériques de ses lignes de courbure. Opérant comme nous l'avons déjà fait bien souvent dans ce mémoire, on trouve : 1° pour l'équation des images sphériques

$$\frac{dy}{dx} = \pm\sqrt{\frac{\dfrac{da}{dx}}{\dfrac{db}{dy}}}. \tag{34}$$

2° pour l'équation des rayons de courbure principaux

$$\mathrm{R}^2 - 2\mathrm{R}(2c + p) + (2c + p)^2 - 4\frac{da}{dx} \cdot \frac{db}{dy} = 0. \tag{35}$$

Enfin, nous exprimerons que deux directions de (A) caractérisées par les accroissements dx, dy d'une part, dx', dy' d'autre part, sont conjuguées, en écrivant que le plan tangent en A à la normalie correspondant aux accroissements dx', dy' est le plan central de la normalie correspondant aux accroissements dx, dy (théorème de Joachimstal). Nous n'insistons plus sur ces calculs. On trouve ainsi pour l'équation des lignes conjuguées de (A)

$$\frac{da}{dx} \cdot dx\,dx' + \left(c + \frac{p}{2}\right)(dx\,dy' + dy\,dx') + \frac{db}{dy} \cdot dy\,dy' = 0. \tag{36}$$

Il en résulte pour l'équation des lignes asymptotiques

$$\frac{da}{dx} \cdot dx^2 + 2\left(c + \frac{p}{2}\right)dx\,dy + \frac{db}{dy} \cdot dy^2 = 0.$$

L'importance des calculs qui précèdent tient à ce que la surface (A) est arbitraire et à ce que le réseau sphérique (u, v) l'est également (pourvu qu'il soit isométrique).

§ 56.

Équation la plus générale d'un élassoïde en coordonnées sphériques.

Dans le cas actuel, puisqu'il s'agit d'élassoïdes, nous obtiendrons l'équation différentielle de ces surfaces en écrivant, par exemple, que dans l'équation (35) le terme du premier degré en R disparaît, c'est-à-dire que la courbure moyenne de la surface est nulle. Il vient

$$p + \frac{2}{\lambda^2}\frac{d^2 p}{dx\,dy} = 0 \tag{37}$$

l'équation des lignes de courbure ne change pas, mais celle des asymptotiques devient

$$dx\sqrt{\frac{da}{dx}} \pm \sqrt{-1}\sqrt{\frac{db}{dy}} \cdot dy = 0 \tag{38}$$

enfin le carré de l'élément linéaire de l'élassoïde prend la forme remarquable

$$\frac{d\mathrm{S}^2}{\lambda^2} = 4\frac{da}{dx} \cdot \frac{db}{dy} \cdot dx\,dy. \tag{39}$$

Rappelons, en dernière analyse, que λ satisfait à la troisième équation de Codazzi

$$\lambda^2 + 2\frac{\lambda^2 \log \lambda^2}{dx\,dy} = 0. \tag{40}$$

Si l'on remplace λ^2 par D on voit que les équations (37) et (40) coïncident avec les deux premières du groupe (11).

Leur intégrale générale est donc

$$-\frac{\lambda^2}{2} = \frac{2X'Y'}{(X+Y)^2},$$

$$p = \frac{X'_1}{X'} + \frac{Y'_1}{Y'} - 2\frac{X_1+Y_1}{X+Y},$$

et ici, les fonctions X_1 et Y_1 sont assujetties seulement à être, comme X et Y, des fonctions arbitraires des variables x et y.

§ 57.

Un élassoïde et la sphère image ont toujours leurs lignes isotropes correspondantes.

Déduisons maintenant des conséquences.

L'équation (39) montre que les *lignes isotropes d'un élassoïde ont pour image sphérique les lignes isotropes de la sphère.* D'après une théorie bien connue, il en résulte que, si l'on fait correspondre un élassoïde et une sphère par parallélisme des plans tangents, on a un mode de correspondance dans lequel les angles se conservent.

Ceci démontre que l'élassoïde est la seule surface correspondant de la sorte à la sphère. (Théorème dû à M. Ossian Bonnet.)

§ 58.

Remarque au sujet de la forme explicite des fonctions arbitraires qui entrent dans l'équation intégrale d'un élassoïde.

On vérifie, sur l'équation (38), que les asymptotiques d'un élassoïde sont rectangulaires.

La valeur la plus générale de p, convenant aux élassoïdes, peut s'écrire sous la forme simple et très-utile

$$p = X' + 2X\frac{d\lambda}{\lambda\,dx} + Y' + 2Y\frac{d\lambda}{\lambda\,dy} \tag{41}$$

où ne figurent plus que les deux fonctions arbitraires nécessaires et suffisantes, celles qui caractérisent le réseau isométrique sphérique étant masquées.

Inversement, on peut dans la formule qui précède particulariser autant que l'on voudra les fonctions arbitraires X et Y, pourvu qu'on laisse à λ toute la généralité que comportent les deux fonctions arbitraires de son expression en x et y ; on obtiendra encore l'intégrale générale des élassoïdes, seulement *ils se sépareront en autant de groupes qu'il y a de réseaux isométriques sphériques distincts.*

Cette conséquence résultait également des calculs du § 27 relatifs aux congruence isotropes.

§ 59.

Remarque sur les réseaux sphériques isométriques et trajectoires les uns des autres.

Avant de déduire, de ce qui précède, les remarquables propriétés des *élassoïdes groupés*, il convient de démontrer un résultat simple et connu, mais qui nous importe particulièrement.

Les trajectoires des courbes (u) *sous un angle constant* ω *et les trajectoires sous le même angle des courbes* (v) *forment un réseau isométrique si le réseau sphérique* (u, v) *est isométrique; la valeur du* λ, *pour les deux réseaux, est la même.*

Soit, en effet, sur une surface qui peut être arbitraire

$$dS^2 = \lambda^2(du^2 + dv^2),$$

posons

$$du = du' \cos\omega - dv' \sin\omega,$$
$$dv = du' \sin\omega + dv' \cos\omega,$$

il est clair que

$$du^2 + dv^2 = du'^2 + dv'^2.$$

En conséquence, le carré de l'élément linéaire de la surface peut s'écrire indifféremment

$$dS^2 = \lambda^2(du^2 + dv^2) = \lambda^2(du'^2 + dv'^2),$$

d'où résulte la proposition annoncée.

§ 60.

D'un réseau sphérique isométrique on peut déduire une infinité de congruences isotropes donnant lieu à une famille d'élassoïdes groupés.

Ceci posé, si nous nous reportons aux calculs du § 27, nous voyous qu'étant donné un réseau isométrique sphérique, on en déduira une infinité de congruences isotropes, de la façon suivante : le pied M de chacune des droites D sera à la distance λ de O, et la droite OM fera un angle constant ω avec la tangente OX de la courbe (v).

Il est clair, d'ailleurs, que le segment OM peut être multiplié par une constante ; car on obtiendra ainsi des congruences isotropes, homothétiques par rapport au centre de la sphère de référence.

Chaque congruence isotrope, déduite du réseau isométrique sphérique, donnera lieu à un élassoïde moyen ; tous ces élassoïdes formeront un groupe dont nous allons établir les propriétés.

Nous avons trouvé, au § 28, que si l'on porte le segment λ sur OX :

1° Le *plan moyen* de la congruence isotrope est à la distance p du centre de la sphère, marquée par

$$p = -\frac{d\lambda}{\lambda\,du}.$$

2° Le *paramètre* de la congruence a pour valeur

$$p = -\frac{d\lambda}{\lambda\,dv}.$$

§ 61.

Calcul des éléments des élassoïdes groupés.

Il en résulte que, si nous désignons par ρ_ω et p_ω les valeurs analogues, relatives à la congruence isotrope définie par des positions de OM faisant avec OX l'angle ω, nous aurons

$$\rho_\omega = -\frac{d\lambda}{\lambda\,du'} = -\cos\omega\,\frac{d\lambda}{\lambda\,du} - \sin\omega\,\frac{d\lambda}{\lambda\,dv}, \tag{42}$$

$$p_\omega = -\frac{d\lambda}{\lambda\,dv'} = \sin\omega\,\frac{d\lambda}{\lambda\,du} - \cos\omega\,\frac{d\lambda}{\lambda\,dv}. \tag{43}$$

L'équation (42) donnant, en définitive, les distances du centre de la sphère de référence aux plans tangents parallèles des élassoïdes groupés doit coïncider avec (41) particularisée ; passant aux coordonnées symétriques imaginaires, (42) devient

$$\rho_\omega = -\left[\frac{d\lambda}{\lambda\,dx}(\cos\omega + i\sin\omega) + \frac{d\lambda}{\lambda\,dy}(\cos\omega - i\sin\omega)\right].$$

Et cette équation coïncide avec (41) si l'on fait dans celle-ci

$$2\mathrm{X} = -(\cos\omega + i\sin\omega),$$
$$2\mathrm{Y} = -(\cos\omega - i\sin\omega).$$

Dans l'espèce, adoptant les notations du § 55, et tenant compte de l'équation (40), on trouve :

$$-a = \frac{1}{\lambda^2}\frac{d^2\log\lambda}{dx^2}(\cos\omega + i\sin\omega) - \frac{1}{4}(\cos\omega - i\sin\omega),$$

$$-b = \frac{1}{\lambda^2}\frac{d^2\log\lambda}{dy^2}(\cos\omega - i\sin\omega) - \frac{1}{4}(\cos\omega + i\sin\omega);$$

par conséquent,

$$-\frac{da}{dx} = \frac{d}{dx}\left(\frac{1}{\lambda}\frac{d^2\log\lambda}{dx^2}\right)(\cos\omega + i\sin\omega),$$

$$-\frac{db}{dy} = \frac{d}{dy}\left(\frac{1}{\lambda}\frac{d^2\log\lambda}{dy^2}\right)(\cos\omega - i\sin\omega).$$

§ 62.

Tous les élassoïdes groupés sont applicables sur l'un d'entre eux ; ils ne sont pas identiques.

La formule (33) qui a trait au carré de l'élément linéaire devient en conséquence

$$\frac{dS^2}{\lambda^2} = 4\frac{d}{dx}\left(\frac{1}{\lambda}\frac{d^2\log\lambda}{dx^2}\right)\frac{d}{dy}\left(\frac{1}{\lambda}\frac{d^2\log\lambda}{dy^2}\right)dx\,dy,$$

résultat qui ne contient plus trace de l'angle ω. On peut donc énoncer cet important résultat :

Tous les élassoïdes groupés, dérivés d'un même réseau isométrique sphérique, sont applicables sur l'un d'entre eux.

Mais il pourrait y avoir doute sur leur non-identité quoique l'identité dût entraîner des conséquences (en ce qui concerne les valeurs de ρ_ω) à priori non réalisées.

Pour donner une preuve décisive, nous chercherons l'équation de l'image sphérique des lignes de courbure de l'élassoïde du groupe, le plus général, et nous ferons voir qu'elle varie avec ω.

On a, d'après (34), pour l'équation de l'image

$$\frac{dy}{dx} = \pm\sqrt{\frac{\dfrac{d}{dx}\left(\dfrac{1}{\lambda}\dfrac{d^2\log\lambda}{dx^2}\right)(\cos\omega + i\sin\omega)}{\dfrac{d}{dy}\left(\dfrac{1}{\lambda}\dfrac{d^2\log\lambda}{dy^2}\right)(\cos\omega - i\sin\omega)}},$$

ce qui établit la proposition annoncée.

On peut même déduire de cette relation une conséquence géométrique importante.

§ 63.

Les élassoïdes groupés ont pour images sphériques de leurs lignes de courbure des réseaux isométriques trajectoires les uns des autres sous des angles constants.

D'après (32), si l'on suit une ligne de courbure de la surface (A), on a

$$e^{-2i\theta} = \frac{dy}{dx}.$$

Dès lors, si nous désignons par θ_ω l'angle que l'image d'une ligne de courbure de l'élassoïde général fait avec OX, nous aurons

$$e^{-4i\theta_\omega} = e^{-4i\theta_0}\frac{\cos\omega + i\sin\omega}{\cos\omega - i\sin\omega} = e^{-4i\theta_0}\cdot e^{2\omega i},$$

d'où résulte simplement

$$\theta_\omega - \theta_0 = \frac{\omega}{2}.$$

Ainsi *les images sphériques des lignes de courbure des élassoïdes groupés sont trajectoires, sous des angles constants, les unes des autres.*

Prenons, par exemple, deux élassoïdes du groupe caractérisés par des valeurs du paramètre ω différant d'une constante α, leurs images sphériques se couperont mutuellement sous l'angle $\frac{\alpha}{2}$.

Il est bien clair que les résultats qui précèdent s'appliquent également aux images sphériques des asymptotiques des divers élassoïdes du groupe.

Sans chercher à particulariser davantage pour le moment, faisons cette observation que les images sphériques des élassoïdes d'un même groupe forment sur la sphère un groupe de réseaux isométriques trajectoires, sous des angles constants, les uns des autres. [Les équations de Codazzi montrent immédiatement que l'image sphérique des lignes de courbure d'un élassoïde est isométrique.]

Si donc on suppose obtenue l'image sphérique des lignes de courbure des élassoïdes groupés, on pourra la prendre pour point de départ d'un nouveau groupe d'élassoïdes et ainsi de suite.

§ 64.

Recherche des élassoïdes admettant pour image sphérique de leurs lignes de courbure un réseau isométrique déterminé. Intégration des congruences isotropes satisfaisantes.

Inversement, on est conduit à résoudre le problème suivant : *étant donné un réseau isométrique sphérique, trouver l'élassoïde qui l'admet pour image de ses lignes de courbure ; intégrer ses congruences isotropes génératrices.*

Nous pourrions déduire la solution, de ce qui précède, mais il est tout aussi simple de l'établir directement.

Prenons pour réseau (u, v) le réseau isométrique choisi. Soient ξ et η les coordonnées instantanées du pied de la droite D de la congruence isotrope, p le paramètre de la congruence, ρ la distance du plan moyen au centre de la sphère de référence. Sans recommencer des calculs identiques à ceux qui ont été faits si souvent, nous écrirons immédiatement

$$\rho - 1 = -\frac{dv\left[dv\left(\lambda + \frac{d\eta}{dv} + \frac{d\lambda}{\lambda\,du}\xi\right) + du\left(\frac{d\eta}{du} - \frac{d\lambda}{\lambda\,dv}\xi\right)\right] + du\left[du\left(\lambda + \frac{d\xi}{du} + \frac{d\lambda}{\lambda\,dv}\eta\right) + dv\left(\frac{d\xi}{dv} - \frac{d\lambda}{\lambda\,du}\eta\right)\right]}{\lambda(du^2 + dv^2)},$$

$$p = \frac{dv\left[du\left(\lambda + \frac{d\xi}{du} + \frac{d\lambda}{\lambda\,dv}\eta\right) + dv\left(\frac{d\xi}{dv} - \frac{d\lambda}{\lambda\,du}\eta\right)\right] - du\left[dv\left(\lambda + \frac{d\eta}{dv} + \frac{d\lambda}{\lambda\,du}\xi\right) + du\left(\frac{d\eta}{du} - \frac{d\lambda}{\lambda\,dv}\xi\right)\right]}{\lambda(du^2 + dv^2)}.$$

La congruence étant isotrope, ces expressions doivent être indépendantes de du et dv, ce qui entraîne

$$\frac{d\eta}{du} - \frac{d\lambda}{\lambda\,dv}\xi + \frac{d\xi}{dv} - \frac{d\lambda}{\lambda\,du}\eta = 0,$$

$$\frac{d\eta}{dv} + \frac{d\lambda}{\lambda\,du}\xi = \frac{d\xi}{du} + \frac{d\lambda}{\lambda\,dv}\eta.$$

Et alors on a, en effet

$$p = \frac{\dfrac{d\xi}{dv} - \dfrac{d\lambda}{\lambda\,du}\eta}{\lambda} = -\frac{\dfrac{d\eta}{du} - \dfrac{d\lambda}{\lambda\,dv}\xi}{\lambda},$$

$$-\rho = \frac{d\eta}{\lambda\,dv} - \frac{d\lambda}{\lambda^2\,du}\xi = \frac{d\xi}{\lambda\,du} + \frac{d\lambda}{\lambda^2\,dv}\eta.$$

Prenons pour variables canoniques p et ρ, nous aurons le groupe

$$\left.\begin{array}{ll}
\dfrac{d\xi}{du} + \dfrac{d\lambda}{\lambda\,dv}\eta = -\lambda\rho, & \dfrac{d\xi}{dv} - \dfrac{d\lambda}{\lambda\,du}\eta = \lambda p \\[2ex]
\dfrac{d\eta}{du} - \dfrac{d\lambda}{\lambda\,dv}\xi = -\lambda p, & \dfrac{d\eta}{dv} + \dfrac{d\lambda}{\lambda\,du}\xi = -\lambda\rho
\end{array}\right\} \qquad (44)$$

Opérant comme au § 31 en tenant compte de l'équation

$$\frac{d^2\log\lambda}{du^2} + \frac{d^2\log\lambda}{dv^2} + \lambda^2 = 0,$$

il vient

$$\xi = \lambda^{-1}\left(\frac{d\rho}{du} - \frac{dp}{dv}\right),$$

$$\eta = \lambda^{-1}\left(\frac{d\rho}{dv} + \frac{dp}{du}\right).$$

Exprimant que ces valeurs de ξ et η satisfont au groupe (44), on obtient le groupe définitif

$$\left.\begin{array}{l}
\dfrac{d^2\rho}{du^2} - \dfrac{d^2p}{du\,dv} + \dfrac{d\lambda}{\lambda\,dv}\left(\dfrac{d\rho}{dv} + \dfrac{dp}{du}\right) - \dfrac{d\lambda}{\lambda\,du}\left(\dfrac{d\rho}{du} - \dfrac{dp}{dv}\right) + \lambda^2\rho = 0, \\[2ex]
\dfrac{d^2\rho}{dv^2} + \dfrac{d^2p}{du\,dv} + \dfrac{d\lambda}{\lambda\,du}\left(\dfrac{d\rho}{du} - \dfrac{dp}{dv}\right) - \dfrac{d\lambda}{\lambda\,dv}\left(\dfrac{d\rho}{dv} + \dfrac{dp}{du}\right) + \lambda^2\rho = 0, \\[2ex]
\dfrac{d^2p}{du^2} + \dfrac{d^2\rho}{du\,dv} + \dfrac{d\lambda}{\lambda\,dv}\left(\dfrac{dp}{dv} - \dfrac{d\rho}{du}\right) - \dfrac{d\lambda}{\lambda\,du}\left(\dfrac{dp}{du} + \dfrac{d\rho}{dv}\right) + \lambda^2 p = 0, \\[2ex]
\dfrac{d^2p}{dv^2} - \dfrac{d^2\rho}{du\,dv} + \dfrac{d\lambda}{\lambda\,du}\left(\dfrac{dp}{du} + \dfrac{d\rho}{dv}\right) - \dfrac{d\lambda}{\lambda\,dv}\left(\dfrac{dp}{dv} - \dfrac{d\rho}{du}\right) + \lambda^2 p = 0.
\end{array}\right\} \qquad (45)$$

Les valeurs des ξ, η et le groupe (45), définissent, par rapport à la sphère de référence, la congruence isotrope la plus générale. Il s'agit d'exprimer maintenant que l'élassoïde central a pour image sphérique le réseau isométrique (u, v).

On a

$$1 = e^{-2i\theta} = \frac{dy}{dx} = \sqrt{\frac{\dfrac{da}{dx}}{\dfrac{db}{dy}}}.$$

En outre, on sait d'avance que

$$\rho + \frac{2}{\lambda^2} \frac{d^2 p}{dx\, dy} = 0. \tag{46}$$

Si l'on voulait simplement obtenir l'élassoïde satisfaisant, il faudrait intégrer (46) et vérifier la condition

$$\frac{d}{dx}\left(\frac{d\rho}{\lambda^2\, dx}\right) = \frac{d}{dy}\left(\frac{dp}{\lambda^2\, dy}\right) \tag{47}$$

mais pour obtenir les congruences isotropes correspondantes, il faut vérifier le groupe (45); celui-ci se transforme, en passant aux coordonnées symétriques imaginaires, en un groupe qu'il s'agit de former : (45) peut s'écrire

$$\frac{d^2\rho}{du^2} + \frac{d^2\rho}{dv^2} + 2\lambda^2\rho = \frac{d^2 p}{du^2} + \frac{d^2 p}{dv^2} + 2\lambda^2 p = 0,$$

$$\frac{1}{2}\left(\frac{d^2\rho}{dv^2} - \frac{d^2\rho}{du^2}\right) - \frac{d\lambda}{\lambda\, dv}\cdot\frac{d\rho}{dv} + \frac{d\lambda}{\lambda\, du}\cdot\frac{d\rho}{du} + \left[\frac{d^2 p}{du\, dv} - \frac{d\lambda}{\lambda\, du}\cdot\frac{dp}{dv} - \frac{d\lambda}{\lambda\, dv}\cdot\frac{dp}{du}\right] = 0,$$

$$\frac{1}{2}\left(\frac{d^2 p}{du^2} - \frac{d^2 p}{dv^2}\right) - \frac{d\lambda}{\lambda\, du}\cdot\frac{dp}{du} + \frac{d\lambda}{\lambda\, dv}\cdot\frac{dp}{dv} + \left[\frac{d^2\rho}{du\, dv} - \frac{d\lambda}{\lambda\, du}\cdot\frac{d\rho}{dv} - \frac{d\lambda}{\lambda\, dv}\cdot\frac{d\rho}{du}\right] = 0.$$

Il vient, en passant aux coordonnées imaginaires

$$\frac{2}{\lambda^2}\frac{d^2\rho}{dx\, dy} + \rho = \frac{2}{\lambda^2}\frac{d^2 p}{dx\, dy} + p = 0,$$

$$-\frac{1}{2}\left(\frac{d^2\rho}{dx^2} + \frac{d^2\rho}{dy^2}\right) + \frac{d\lambda}{\lambda\, dx}\cdot\frac{d\rho}{dx} + \frac{d\lambda}{\lambda\, dy}\cdot\frac{d\rho}{dy}$$

$$+ i\left[\frac{1}{2}\left(\frac{d^2 p}{dx^2} - \frac{d^2 p}{dy^2}\right) - \frac{d\lambda}{\lambda\, dx}\cdot\frac{dp}{dx} + \frac{d\lambda}{\lambda\, dy}\cdot\frac{dp}{dy}\right] = 0,$$

$$+\frac{1}{2}\left(\frac{d^2 p}{dx^2} + \frac{d^2 p}{dy^2}\right) - \frac{d\lambda}{\lambda\, dx}\cdot\frac{dp}{dx} - \frac{d\lambda}{\lambda\, dy}\cdot\frac{dp}{dy}$$

$$+ i\left[\frac{1}{2}\left(\frac{d^2\rho}{dx^2} - \frac{d^2\rho}{dy^2}\right) - \frac{d\lambda}{\lambda\, dx}\cdot\frac{d\rho}{dx} + \frac{d\lambda}{\lambda\, dy}\cdot\frac{d\rho}{dy}\right] = 0,$$

on en déduit

$$\left.\begin{array}{c}
\dfrac{d^2p}{dx^2} + i\dfrac{d^2\rho}{dx^2} - 2\dfrac{d\lambda}{\lambda\,dx}\left(\dfrac{dp}{dx} + i\dfrac{d\rho}{dx}\right) = 0 \\[2mm]
\dfrac{d^2p}{dy^2} - i\dfrac{d^2\rho}{dy^2} - 2\dfrac{d\lambda}{\lambda\,dy}\left(\dfrac{dp}{dy} - i\dfrac{d\rho}{dy}\right) = 0 \\[2mm]
\rho + \dfrac{2}{\lambda^2}\dfrac{d^2\rho}{dx\,dy} = p + \dfrac{2}{\lambda^2}\dfrac{d^2p}{dx\,dy} = 0
\end{array}\right\} \qquad (48)$$

Ces quatre équations à elles seules régissent le problème des congruences isotropes.

Comme cela devait être, (46) est vérifiée, ce qui démontre une fois de plus le théorème fondamental.

L'équation (47), exprimant la coïncidence de l'image sphérique des lignes de courbure de l'élassoïde moyen et du réseau isométrique pris pour origine, devient, développée,

$$\frac{1}{2}\left(\frac{d^2\rho}{dx^2} - \frac{d^2\rho}{dy^2}\right) - \frac{d\lambda}{\lambda\,dx}\cdot\frac{d\rho}{dx} + \frac{d\lambda}{\lambda\,dy}\cdot\frac{d\rho}{dy} = 0 \qquad (49)$$

on voit qu'elle entraîne

$$\frac{1}{2}\left(\frac{d^2p}{dx^2} + \frac{d^2p}{dy^2}\right) - \frac{d\lambda}{\lambda\,dx}\cdot\frac{dp}{dx} - \frac{d\lambda}{\lambda\,dy}\cdot\frac{dp}{dy} = 0. \qquad (50)$$

Ainsi se trouve préparé le problème que nous avons en vue. Quant à l'intégration, elle ne présente pas de nouvelles difficultés :

Remplaçons λ^2 par D, nous aurons :

1° Pour ce qui concerne ρ

$$\frac{\mathrm{D}\rho}{2} + \frac{d^2\rho}{dx\,dy} = 0,$$

$$\frac{d^2\rho}{dx^2} - \frac{d^2\rho}{dy^2} - \frac{d\mathrm{D}}{\mathrm{D}\,dx}\cdot\frac{d\rho}{dx} + \frac{d\mathrm{D}}{\mathrm{D}\,dy}\cdot\frac{d\rho}{dy} = 0.$$

Comme

$$\mathrm{D} = -\frac{4\mathrm{X}'\mathrm{Y}'}{(\mathrm{X}+\mathrm{Y})^2},$$

on doit avoir

$$\rho = \frac{\mathrm{X}_1'}{\mathrm{X}'} + \frac{\mathrm{Y}_1'}{\mathrm{Y}'} - 2\frac{\mathrm{X}_1+\mathrm{Y}_1}{\mathrm{X}+\mathrm{Y}}.$$

Mais alors

$$\frac{d^2\rho}{dx^2} - \frac{d\mathrm{D}}{\mathrm{D}\,dx}\cdot\frac{d\rho}{dx} = \left(\frac{\mathrm{X}_1'}{\mathrm{X}'}\right)'' - \left(\frac{\mathrm{X}_1'}{\mathrm{X}'}\right)'\left(\frac{\mathrm{X}''}{\mathrm{X}'}\right),$$

$$\frac{d^2\rho}{dy^2} - \frac{d\mathrm{D}}{\mathrm{D}\,dy}\cdot\frac{d\rho}{dy} = \left(\frac{\mathrm{Y}_1'}{\mathrm{Y}'}\right)'' - \left(\frac{\mathrm{Y}_1'}{\mathrm{Y}'}\right)'\left(\frac{\mathrm{Y}''}{\mathrm{Y}'}\right).$$

Par conséquent, l'équation (49) ne peut être vérifiée que si

$$\left(\frac{\mathrm{X}_1'}{\mathrm{X}'}\right)'' - \left(\frac{\mathrm{X}_1'}{\mathrm{X}'}\right)'\left(\frac{\mathrm{X}''}{\mathrm{X}'}\right) = \mathrm{K} = \left(\frac{\mathrm{Y}_1'}{\mathrm{Y}'}\right)'' - \left(\frac{\mathrm{Y}_1'}{\mathrm{Y}'}\right)'\left(\frac{\mathrm{Y}''}{\mathrm{Y}'}\right),$$

où K désigne une constante arbitraire.

On conclut facilement de ce qui précède

$$\mathrm{X}_1 = \int \mathrm{X}'\,dx \int \mathrm{X}'\,dx \int \frac{\mathrm{K}\,dx}{\mathrm{X}'} + a\mathrm{X}^2 + b\mathrm{X} + c,$$

$$\mathrm{Y}_1 = \int \mathrm{Y}'\,dy \int \mathrm{Y}'\,dy \int \frac{\mathrm{K}\,dy}{\mathrm{Y}'} + a'\mathrm{Y}^2 + b'\mathrm{Y} + c'.$$

2° En ce qui concerne p, on trouverait semblablement

$$p = \frac{\mathrm{X}_2'}{\mathrm{X}'} + \frac{\mathrm{Y}_2'}{\mathrm{Y}'} - 2\frac{(\mathrm{X}_2 + \mathrm{Y}_2)}{\mathrm{X} + \mathrm{Y}},$$

avec

$$\mathrm{X}_2 = -i\int \mathrm{X}'\,dx \int \mathrm{X}'\,dx \int \frac{\mathrm{K}\,dx}{\mathrm{X}'} + a_1\mathrm{X}^2 + b_1\mathrm{X} + c_1,$$

$$\mathrm{Y}_2 = +i\int \mathrm{Y}'\,dy \int \mathrm{Y}'\,dy \int \frac{\mathrm{K}\,dy}{\mathrm{Y}'} + a_1'\mathrm{Y}^2 + b_1'\mathrm{Y} + c_1'.$$

On voit ainsi que

$$\mathrm{X}_2 = -i\mathrm{X}_1 + \alpha\mathrm{X}^2 + \beta\mathrm{X} + \gamma,$$

$$\mathrm{Y}_2 = +i\mathrm{Y}_1 + \alpha'\mathrm{Y}^2 + \beta'\mathrm{Y} + \gamma'.$$

Les élassoïdes ainsi trouvés sont en nombre infini, mais il est facile de voir que la variation de la constante k donne des élassoïdes homothétiques par rapport au centre de la sphère de référence, et que les variations des constantes a, b, c, a', b', c' donnent lieu à des élassoïdes déplacés dans l'espace, parallèlement à eux-mêmes.

Considérons, en effet, l'expression du carré de l'élément linéaire de l'élassoïde, il a pour valeur, d'après (39)

$$\frac{d\mathrm{S}^2}{\lambda^2} = 4dx\cdot dy\,\frac{1}{\lambda^2}\left[\frac{d^2\rho}{dx^2} - \frac{d\mathrm{D}}{\mathrm{D}\,dx}\cdot\frac{d\rho}{dx}\right]\frac{1}{\lambda^2}\left[\frac{d^2\rho}{dy^2} - \frac{d\mathrm{D}}{\mathrm{D}\,dy}\cdot\frac{d\rho}{dy}\right];$$

soit, à raison de ce qui a été dit ci-dessus,

$$dS^2 = \frac{4K^2 \cdot dx \cdot dy}{\lambda^2}.$$

Les constantes a, b, c, a', b', c' ne jouent aucun rôle et k n'a d'autre effet que de rendre proportionnels tous les éléments correspondants des élassoïdes satisfaisants.

Or, les éléments des lignes de courbure parallèles à ceux des courbes (u) et (v) conservent des directions invariables, quelles que soient les variations des constantes ; conséquemment tous les élassoïdes satisfaisants sont identiques ou homothétiques.

§ 65.

Remarque au sujet de l'expression des paramètres des congruences isotropes déduites de réseaux sphériques isométriques.

On n'est pas sans avoir constaté la symétrie remarquable qui lie dans tous les calculs de ce chapitre les *paramètres* d'une congruence isotrope et les *distances du centre de la sphère de référence aux plans moyens* ; nous avons à dessein réservé, pour les grouper, les remarques se présentant à chaque pas et qui mettaient naturellement sur la voie d'une très-importante propriété des élassoïdes, de celle qui va nous permettre bientôt de résoudre le problème de Björling ; nous voulons parler de la coexistence des *élassoïdes conjugués*, signalée pour la première fois par M. Ossian Bonnet.

CHAPITRE X.

ÉLASSOÏDES CONJUGUÉS ; ÉLASSOÏDES STRATIFIÉS.

---

§ 66.

Construction des élassoïdes conjugués à l'aide de la représentation sphérique. Les lignes de courbure de l'un correspondent aux lignes asymptotiques de l'autre.

Du § 63 il résulte que, si l'on porte sur les tangentes OX, OY des courbes (v) et (u) d'un réseau isométrique se coupant en O (point de la sphère) des longueurs OA et OB égales au λ du réseau, les droites menées par les extrémités parallèlement au rayon de la sphère engendrent des congruences isotropes ; les *élassoïdes moyens* de ces congruences sont applicables l'un sur l'autre ; de plus, les images sphériques des lignes de courbure de ces élassoïdes se coupent sous un angle égal à $\frac{\pi}{4}$.

L'image sphérique des lignes de courbure de l'un des élassoïdes est l'image sphérique des lignes asymptotiques de l'autre (puisque 1° les asymptotiques d'un élassoïde coupent sous un angle égal à $\frac{\pi}{4}$ les lignes de courbure et que 2° les angles sont conservés dans la correspondance de l'élassoïde et de la sphère).

Nous dirons que *les deux élassoïdes correspondant ainsi à deux directions rectangulaires isométriques sont conjugués. Tous les élassoïdes groupés s'accouplent en élassoïdes conjugués.*

Mais les calculs du § 28 ayant montré que, si l'on prend une congruence isotrope arbitraire (D), on peut toujours tracer sur une sphère donnée un réseau isométrique tel que les normales à la sphère soient parallèles aux droites de la congruence et que les tangentes aux courbes de l'une des familles du réseau rencontrent toujours les droites D, on est en droit d'énoncer cette nouvelle proposition :

§ 67.

Étant donnée une congruence isotrope définissant un élassoïde moyen, construire une congruence isotrope donnant lieu à l'élassoïde conjugué.

Si l'on fait tourner, de $\frac{\pi}{2}$, autour d'un point fixe O les droites D d'une congruence isotrope, de telle façon que les nouvelles droites soient parallèles aux premières, on engendre une seconde congruence isotrope ; les deux élassoïdes moyens de ces congruences sont conjugués.

Désignons uniformément par ρ_D la distance du centre de la sphère de référence au plan tangent de l'élassoïde moyen de la congruence (D) et par p_D le paramètre de cette congruence, on a d'après les calculs du § 28 :

$$p_D = \rho_{D'} = \frac{d\lambda}{\lambda\, dv},$$
$$\rho_D = p_{D'} = \frac{d\lambda}{\lambda\, du}.$$

§ 68.

Aux courbes lieux des centres de courbure d'une courbe double de congruence isotrope correspondent sur l'élassoïde conjugué les courbes de contact de cônes.

On peut, de ces relations, déduire un fait assez important. Nous avons montré (§ 41) que *l'on peut tracer sur un élassoïde une ∞^3 de lignes, lieux des centres de courbure des lignes doubles des développables isotropes focales des congruences isotropes satisfaisantes ; le long de ces courbes le paramètre est nul.* Ce qui précède montre que *ces courbes ont pour transformées, sur l'élassoïde conjugué, les courbes de contact des cônes ayant pour sommets tous les points de l'espace.* En effet p_D ne peut s'annuler sans $\rho_{D'}$, par conséquent, les plans tangents à l'élassoïde conjugué le long de l'une des courbes transformées passent par le centre de la sphère de référence (*).

Ce résultat peut encore se généraliser en considérant les courbes le long desquelles p_D ou $\rho_{D'}$ sont constants ; elles sont sur le premier élassoïde les trajectoires des droites, telles que OM ; sur l'élassoïde conjugué ce sont les courbes de contact de développables circonscrites à l'élassoïde et à des sphères.

Si l'on fait tourner les droites D d'une congruence isotrope autour de tous les points de l'espace, de la manière indiquée ci-dessus, on obtiendra toutes les congruences isotropes satisfaisantes relatives à l'élassoïde conjugué. La question a pourtant besoin d'être approfondie, car on peut se demander quelles positions occupent dans l'espace les divers élassoïdes moyens des congruences isotropes dérivées des congruences relatives à un même élassoïde moyen choisi à priori. Le calcul nous amènera d'ailleurs à rencontrer la propriété capitale, qui domine la théorie des élassoïdes conjugués.

Reprenons pour surface de référence l'élassoïde moyen d'une congruence isotrope et pour réseau (u, v) celui des asymptotiques. Soit D la droite instantanée d'une congruence isotrope (D) et P un point fixe de l'espace. Je dis que, si à partir de ce point fixe, on porte sur des parallèles aux normales de l'élassoïde des longueurs égales aux paramètres des diverses congruences isotropes satisfaisantes, les plans perpendiculaires aux normales et passant par les extrémités de ces segments touchent

---

(*) Ce centre peut effectivement coïncider avec un point quelconque de l'espace.

des surfaces identiques. Cette propriété résulte déjà de la transformation indiquée au § 34, mais établissons-la différemment.

§ 69.

Toutes les congruences isotropes conjuguées des congruences engendrant le même élassoïde moyen donnent lieu au même élassoïde moyen conjugué du précédent.

Les coordonnées instantanées de la droite D sont

$$\xi = \mathrm{D}^{-\frac{1}{2}}\frac{dp}{du}, \quad \eta = -\mathrm{D}^{-\frac{1}{2}}\frac{dp}{dv},$$

p satisfaisant aux équations du groupe (10).

Soient d'un autre côté ξ, η, ζ, les coordonnées instantanées du point fixe P, écrivant que les ΔX, ΔY, ΔZ du point P sont nuls, quels que soient du et dv, on obtient le groupe canonique

$$\left. \begin{aligned} \xi_1 &= -\mathrm{D}^{-\frac{1}{2}}\frac{d\zeta_1}{dv}, \quad \eta_1 = -\mathrm{D}^{-\frac{1}{2}}\frac{d\zeta_1}{du} \\ \frac{d^2\zeta_1}{du\,dv} &- \frac{1}{2\mathrm{D}}\frac{d\mathrm{D}}{du}\frac{d\zeta_1}{dv} - \frac{1}{2\mathrm{D}}\frac{d\mathrm{D}}{dv}\frac{d\zeta_1}{du} - 1 = 0 \\ \frac{d^2\zeta_1}{du^2} &+ \mathrm{D}\zeta_1 = \frac{1}{2\mathrm{D}}\frac{d\mathrm{D}}{du}\frac{d\zeta_1}{du} - \frac{1}{2\mathrm{D}}\frac{d\mathrm{D}}{dv}\frac{d\zeta_1}{dv} = -\frac{d^2\zeta_1}{dv^2} - \mathrm{D}\zeta_1 \end{aligned} \right\} \quad (51)$$

Portons sur ζ_1, à partir de P, une longueur égale au paramètre p et par le point obtenu menons un plan parallèle à XOY, nous savons qu'il touchera l'élassoïde conjugué de (O) ; soit Z la distance de ce plan à XOY, on aura

$$\mathrm{Z} = \zeta_1 - p.$$

Combinant les groupes (10) et (51), on trouve que Z satisfait au nouveau groupe :

$$\left. \begin{aligned} \frac{d^2\mathrm{Z}}{du\,dv} &- \frac{d\mathrm{D}}{2\mathrm{D}\,dv}\frac{d\mathrm{Z}}{du} - \frac{d\mathrm{D}}{2\mathrm{D}\,du}\frac{d\mathrm{Z}}{dv} - 1 = 0, \\ \frac{d^2\mathrm{Z}}{du^2} + \mathrm{D}\mathrm{Z} - 1 &= \frac{d\mathrm{D}}{2\mathrm{D}\,du}\frac{d\mathrm{Z}}{du} - \frac{d\mathrm{D}}{2\mathrm{D}\,dv}\frac{d\mathrm{Z}}{dv} = -\frac{d^2\mathrm{Z}}{dv^2} - \mathrm{D}\mathrm{Z} - 1. \end{aligned} \right\} \quad (52)$$

Quant aux coordonnées instantanées du point de contact, écrivant que le ΔZ est constamment nul, on trouve

$$\xi' = -\mathrm{D}^{-\frac{1}{2}}\frac{d\mathrm{Z}}{dv}, \quad \eta' = -\mathrm{D}^{-\frac{1}{2}}\frac{d\mathrm{Z}}{du}, \quad \zeta' = \mathrm{Z}.$$

Calculons les valeurs de ΔX, ΔY, ΔZ du point de contact, correspondant sur l'élassoïde conjugué de (O) au point O.

En opérant comme d'habitude, et tenant compte du groupe (52), on voit que

$$\left.\begin{aligned} \Delta X &= D^{-\frac{1}{2}}\, dv, \\ \Delta Y &= -D^{-\frac{1}{2}}\, du, \\ \Delta Z &= 0. \end{aligned}\right\} \qquad (53)$$

La première conséquence à tirer est que ces éléments seront les mêmes, quelle que soit la valeur de p employée ; on est donc en droit de dire que toutes les surfaces obtenues comme enveloppées des plans situés aux distances d'un point fixe, marquées par les différentes valeurs du *paramètre*, sont *identiques* et même simplement déplacées parallèlement à elles-mêmes dans l'espace.

Désignons dorénavant par (O') l'élassoïde conjugué de (O). Élevant au carré les valeurs des ΔX, ΔY, et ajoutant, on vérifie de nouveau que les élassoïdes conjugués sont applicables l'un sur l'autre.

§ 70.

Deux élassoïdes conjugués se correspondent par orthogonalité des éléments.

Mais le groupe (53) met en relief un résultat beaucoup plus important, à savoir que *les élassoïdes conjugués* (O) *et* (O') *se correspondent par orthogonalité des éléments*.

Il suffit pour le démontrer de mettre en regard les ΔX, ΔY, ΔZ des points O et O'.

$$\text{SUR } (O) \qquad\qquad\qquad \text{SUR } (O')$$

$$\left.\begin{aligned} \Delta X &= D^{-\frac{1}{2}}\, du \\ \Delta Y &= D^{-\frac{1}{2}}\, dv \end{aligned}\right\} \ \Delta Z = 0, \qquad \left.\begin{aligned} \Delta X' &= \ \ D^{-\frac{1}{2}}\, dv \\ \Delta Y' &= -D^{-\frac{1}{2}}\, du \end{aligned}\right\} \ \Delta Z' = 0.$$

On a donc bien, identiquement, quels que soient du et dv :

$$\Delta X \cdot \Delta X' + \Delta Y \cdot \Delta Y' + \Delta Z \cdot \Delta Z' = 0.$$

Ainsi peut-on énoncer ce théorème :

A tout élassoïde en correspond un autre, 1° par le parallélisme des plans tangents ; 2° par égalité des éléments ; et, 3° par orthogonalité de ces mêmes éléments.

Nous montrerons tout à l'heure dans quelles conditions de généralité a lieu la réciproque.

§ 71.

Deux segments relatifs aux élassoïdes conjugués sont, en tous points correspondants, égaux et rectangulaires.

On peut encore déduire des calculs qui précèdent un résultat intéressant :

Joignons dans le plan tangent à l'élassoïde (O) le point O au point M de la droite D, appartenant à la congruence isotrope.

Semblablement, dans le plan tangent à l'élassoïde (O'), joignons le point O' au point N, pied de la perpendiculaire abaissée du point fixe P sur le plan tangent considéré.

Je dis que *les segments* OM *et* O'N *sont égaux et rectangulaires.*

Formons en effet le tableau des coordonnées instantanées des différents points de la figure :

POINT O	POINT M	POINT N	POINT O'
$\xi_O = 0,$	$\xi_M = D^{-\frac{1}{2}} \dfrac{dp}{du},$	$\xi_N = -D^{-\frac{1}{2}} \dfrac{d\zeta_1}{dv},$	$\xi_{O'} = -D^{-\frac{1}{2}} \left(\dfrac{d\zeta_1}{dv} - \dfrac{dp}{dv} \right),$
$\eta_O = 0,$	$\eta_M = -D^{-\frac{1}{2}} \dfrac{dp}{dv},$	$\eta_N = -D^{-\frac{1}{2}} \dfrac{d\zeta_1}{du},$	$\eta_{O'} = -D^{-\frac{1}{2}} \left(\dfrac{d\zeta_1}{du} - \dfrac{dp}{du} \right);$

il en résulte

$$\xi_{O'} = \xi_N - \eta_M,$$
$$\eta_{O'} = \eta_N + \xi_M,$$

ce qui démontre la proposition annoncée.

§ 72.

Construction ponctuelle simultanée des élassoïdes conjugués et des élassoïdes stratifiés.

Nous allons déduire de nos calculs *la construction ponctuelle simultanée des élassoïdes conjugués.*

Dans l'ordre d'idées énoncées au § 46, on peut manifestement déduire des surfaces (O) et (O') deux familles de surfaces applicables par couples les unes sur les autres.

Considérons en effet les surfaces (O) et (O') simplement comme deux surfaces applicables l'une sur l'autre ; joignons à chaque instant les points O et O', prenons les points m milieux des segments ; puis, portons de part et d'autre sur OO' deux segments mO_1 et mO'_1 égaux à mO multiplié par une constante k, il est visible que les surfaces, lieux des points O_1 et O_2, sont encore applicables l'une sur l'autre.

Comme les surfaces (O) et (O') ont leurs plans tangents parallèles, ces plans seront aussi parallèles aux plans tangents des surfaces (m), (O_1), (O'_1).

§ 73.

Seconde famille d'élassoïdes stratifiés.

Les considérations du chapitre III montrent même que toutes ces surfaces sont des élassoïdes.

Considérons maintenant les surfaces (O) et (O') comme correspondantes par orthogonalité de leurs éléments. Prenons en outre un point fixe arbitraire P dans l'espace. D'après la remarque du § 46, si l'on joint à chaque instant le point P au point O', puis, que de part et d'autre du point O on porte parallèlement à PO' des segments OC et OC' égaux au produit de PO' par une constante k, on obtiendra deux surfaces (C) et (C') applicables l'une sur l'autre.

En donnant à k toutes les valeurs, on obtiendra une famille de surfaces applicables par couples, surfaces qui sont visiblement des élassoïdes.

Les deux familles ainsi obtenues ne sont pas identiques. C'est ce qui résultera de l'étude que nous allons en faire.

Commençons par la famille dont les élassoïdes conjugués (O) et (O') font partie.

§ 74.

Les élassoïdes de la première famille sont tous applicables sur des élassoïdes homothétiques à l'un d'entre eux.

D'après le tableau de coordonnées du § 71, on obtient immédiatement les coordonnées instantanées des points O_1 et O'_1 ; calculons les valeurs des ΔX, ΔY, ΔZ de ces points : on a manifestement, pour les ΔX, par exemple,

$$\Delta X_{O'_1} = \Delta X_{O'}\frac{(1+K)}{2} + \Delta X_O\frac{(1-K)}{2},$$
$$\Delta X_{O_1} = \Delta X_{O'}\frac{(1-K)}{2} + \Delta X_O\frac{(1+K)}{2},$$

d'où l'on conclut :

$$\Delta X_{O'_1} = \frac{D^{-\frac{1}{2}}}{2}\big[dv(1+K) + du(1-K)\big], \quad \Delta Y_{O'_1} = \frac{D^{-\frac{1}{2}}}{2}\big[-du(1+K) + dv(1-K)\big],$$
$$\Delta X_{O_1} = \frac{D^{-\frac{1}{2}}}{2}\big[dv(1-K) + du(1+K)\big], \quad \Delta Y_{O_1} = \frac{D^{-\frac{1}{2}}}{2}\big[-du(1-K) + dv(1+K)\big].$$

On en déduit, pour les carrés des éléments linéaires des surfaces (O_1) et (O'_1) :

$$\overline{dS}^2_{O_1} = \overline{dS}^2_{O'_1} = \frac{D^{-1}}{2}(1+K^2)(du^2 + dv^2).$$

Ainsi les deux surfaces (O_1) et (O_1') sont applicables l'une sur l'autre, et, *toutes les surfaces analogues de la famille, convenablement réduites par homothétie, sont applicables les unes sur les autres.*

§ 75.

Une famille d'élassoïdes stratifiés comprend toujours deux développables isotropes.

Mais le fait important à déduire vient de ce que, si

$$K = \pm\sqrt{-1},$$

le carré de l'élément linéaire s'annule.

Dans cette hypothèse, les ΔX, ΔY ne s'annulent pas, bien que le $\overline{dS}^2$ se réduise à zéro. Dès lors les surfaces (O_1) et (O_1') se réduisent à deux courbes de longueur nulle. D'où cette proposition décisive :

Soient (O) et (O') deux élassoïdes conjugués ; joignez, à chaque instant, les points correspondants O et O' ; portez de part et d'autre des milieux m de ces segments, et sur leurs directions, des longueurs égales entre elles et au produit par $\sqrt{-1}$ du demi-segment OO' ; les lieux des extrémités des segments imaginaires, ainsi construits, sont des lignes de longueur nulle.

§ 76.

Les élassoïdes de la seconde famille sont également stratifiés.

Occupons-nous maintenant de la seconde famille : comme les plans tangents sont parallèles, aux points correspondants des surfaces de la famille, il résulte de la construction même que leurs distances aux plans tangents de l'élassoïde (O) sont marquées par la valeur du produit de p (paramètre de la congruence isotrope originelle) par la constante K.

On est donc en droit d'énoncer cette proposition :

Les plans parallèles au plan moyen d'une congruence isotrope et distants de ce plan de quantités proportionnelles au paramètre de la congruence, ont pour enveloppées des surfaces applicables par couples les unes sur les autres.

Mais nous avons montré au § 38 que les plans distants du plan moyen de quantités égales à $p\sqrt{-1}$ ont pour enveloppées les lignes isotropes, arêtes de rebroussement des développables focales de la congruence.

On voit par conséquent que les deux familles de surfaces auxquelles nous avons été conduit, sans être identiques [puisque la seconde ne contient pas l'élassoïde (O')], répondent à une même définition : *ce sont toujours des familles d'élassoïdes obtenus en divisant par segments proportionnels les cordes s'appuyant à leurs extrémités sur deux lignes de longueur nulle.*

Mais il faut se souvenir que nous avons déjà déduit des réseaux isométriques trajectoires les uns des autres une famille d'élassoïdes groupés, tous applicables sur l'un d'entre eux.

§ 77.

Les familles d'élassoïdes groupés et stratifiés sont composées de surfaces semblables.

Nous montrerons que les diverses familles se composent d'élassoïdes identiques ou semblables, de famille à famille, non identiques ni semblables, dans chaque famille, en établissant que les images sphériques des lignes de courbure de ces diverses surfaces sont, dans tous les cas, trajectoires (sous des angles constants) les unes des autres.

Nous vérifierons en même temps (ce qui a été prouvé jusqu'à présent, seulement, par les considérations directes du chapitre second) que toutes les surfaces des familles sont élassoïdes.

Portons, sur la droite instantanée D d'une congruence isotrope, dont (O) est l'élassoïde moyen, un segment MA égal au produit du paramètre p par une constante k. Sur chaque surface élémentaire de la congruence les plans tangents en M et A feront entre eux un angle ω dont la tangente sera égale à K ; il est donc naturel de remplacer k par $\operatorname{tg}\omega$.

Une surface de la famille que nous voulons étudier est touchée par le plan contenant A et parallèle au plan XOY ; cette surface est donc enveloppée par le plan dont l'équation instantanée est

$$Z - p\operatorname{tg}\omega = 0.$$

On cherchera comme d'habitude la caractéristique de ce plan et l'on trouvera pour les coordonnées instantanées du point de contact :

$$\xi = -\mathrm{K}\mathrm{D}^{-\frac{1}{2}}\frac{dp}{dv}, \quad \eta = -\mathrm{K}\mathrm{D}^{-\frac{1}{2}}\frac{dp}{du}.$$
$$\zeta = \mathrm{K}p.$$

On trouve ensuite pour les ΔX, ΔY, ΔZ du point de contact :

$$\Delta\mathrm{X} = \mathrm{D}^{-\frac{1}{2}}(du - k\,dv),$$
$$\Delta\mathrm{Y} = \mathrm{D}^{-\frac{1}{2}}(dv + k\,du),$$
$$\Delta\mathrm{Z} = 0,$$

par conséquent,

$$d\mathrm{S}^2 = \mathrm{D}^{-1}(du^2 + dv^2)(1 + k^2) = \frac{d\mathrm{S}_\mathrm{O}^2}{\cos^2\omega}.$$

Ainsi l'enveloppée du plan considéré a ses éléments proportionnels à ceux de (O).

Nous suivrons sur (O) l'image d'une ligne de courbure de la surface considérée, si le déplacement du point de contact est perpendiculaire à la caractéristique du plan P. Ayant les équations de la caractéristique :

$$Z - Kp = 0,$$

$$D^{-\frac{1}{2}}(X\, dv + Y\, du) + K\left(\frac{dp}{du}\, du + \frac{dp}{dv}\, dv\right) = 0,$$

et les ΔX, ΔY, ΔZ, rien de plus facile que de trouver la condition :

$$\frac{dv}{du} = -K \pm \sqrt{1 + K^2} = \begin{cases} \operatorname{tg}\left(\dfrac{\pi}{4} - \dfrac{\omega}{2}\right), \\ \qquad \text{ou} \\ \operatorname{tg}\left(\dfrac{3\pi}{4} - \dfrac{\omega}{2}\right). \end{cases}$$

Mais si φ désigne l'angle que l'image de la ligne de courbure de (P) sur (O) fait avec une ligne de courbure de (O), on a :

$$\frac{dv}{du} = \operatorname{tg}\left(\frac{\pi}{4} + \varphi\right),$$

puisque les lignes de courbure de (O) sont bissectrices des angles des axes. En conséquence, on trouve, en valeur absolue :

$$\varphi = \frac{\omega}{2}.$$

Exprimons, au contraire, que le déplacement du point de contact a lieu suivant la caractéristique, nous obtiendrons ainsi l'équation différentielle des images sur (O) des lignes asymptotiques de la surface (P). On vérifie que les directions obtenues sont rectangulaires.

§ 78.

Construction d'une famille d'élassoïdes stratifiés dérivés d'une congruence isotrope déterminée.

Combinant ces résultats avec les remarques suivantes :

1° Que les images sur un élassoïde et sur la sphère donnent des angles correspondants égaux ;

2° Qu'en général les lignes asymptotiques d'une surface correspondent par orthogonalité des éléments à leur image sphérique, nous serons en droit de dire :

Les enveloppées des plans tels que P, distants, du plan moyen de la congruence isotrope, de quantités proportionnelles au paramètre, sont des élassoïdes applicables après réduction par homothétie. Sur l'élassoïde moyen ou sur la sphère, les images de leurs lignes de courbure sont trajectoires, sous des angles constants, des lignes de courbure de l'élassoïde moyen, ou de leurs images sphériques.

On vérifie à l'aide des ΔX, ΔY, ΔZ du point de contact :

1° *Que deux des plans* P, *également distants du plan moyen, touchent deux élassoïdes applicables l'un sur l'autre sans réduction par homothétie ;*

2° *Que parmi les surfaces analogues à* (P), *il en existe seulement deux se correspondant par orthogonalité des éléments ; elles sont obtenues en égalant à l'unité la constante* k.

§ 79.

Caractères distinctifs des familles d'élassoïdes groupés et stratifiés.

En résumé, il n'y a, en réalité, que deux familles d'élassoïdes distinctes parmi les trois, primitivement envisagées.

La première famille, déduite d'un réseau isométrique sphérique, comprend des élassoïdes tous applicables les uns sur les autres, ce sont les *élassoïdes groupés*. A un point d'un élassoïde correspondent sur les autres élassoïdes des points distribués sur une ellipse.

La seconde famille, déduite d'une congruence isotrope arbitraire, peut être identifiée à la précédente en ce sens qu'elle peut être composée avec des élassoïdes semblables à ceux de la première famille ; mais *il faudra toujours en laisser un de côté.* Nous dirons (pour la distinguer) qu'elle est composée d'*élassoïdes stratifiés*.

Une famille d'*élassoïdes groupés* se décompose d'une infinité de manières en couples d'*élassoïdes conjugués*.

Une famille d'*élassoïdes stratifiés* ne comprend qu'*un couple d'élassoïdes conjugués*. Les points correspondants sont en ligne droite.

Enfin la seconde famille comprend toujours comme élassoïdes limites deux développables isotropes ; la première famille n'en contient jamais.

§ 80.

Quand deux surfaces se correspondent avec réalisation de deux des trois conditions : 1° *parallélisme des plans tangents ;* 2° *égalité des éléments ;* 3° *orthogonalité des éléments, ce sont deux élassoïdes conjugués.*

Nous terminerons ce chapitre en recherchant s'il est d'autres surfaces que les élassoïdes conjugués qui se correspondent par égalité et orthogonalité des éléments, avec parallélisme des plans tangents.

Si l'on exige que les conditions soient réunies toutes les trois, il ne paraît pas possible d'obtenir autre chose.

Si l'on n'exige que la réalisation de deux des conditions à la fois, on a trois problèmes à résoudre :

1° Trouver les couples de surfaces se correspondant à la fois par le parallélisme de leurs plans tangents et l'égalité de leurs éléments.

2° Obtenir deux surfaces dont les plans tangents sont parallèles deux à deux et dont les éléments correspondants sont rectangulaires.

3° Former les couples de surfaces se correspondant à la fois par égalité et orthogonalité des éléments.

Le premier problème peut être ramené au second, car étant données deux surfaces (O) et (O') satisfaisantes, la surface (M), lieu des milieux des cordes OO', a ses plans tangents parallèles à ceux de (O) et de (O') ; de ce que ces dernières sont applicables l'une sur l'autre il résulte que, si, par un point fixe de l'espace, on mène des rayons égaux et parallèles aux demi-segments OO', la surface, lieu des extrémités des rayons (R), correspondra par orthogonalité de ses éléments à (M). Il est en outre visible que les plans tangents de (R) sont parallèles à ceux de (O), (O') et de (M) ; donc les surfaces (M) et (R) donnent la solution du second problème.

Soient maintenant (M) et (R) ces deux surfaces satisfaisantes. Considérons une asymptotique de (M), son image sur (R), ainsi que sur la sphère (S). Nous savons que l'asymptotique de (M) correspond par orthogonalité de ses éléments à son image sphérique ; il faut donc que celle-ci corresponde par parallélisme d'éléments à l'image de l'asymptotique, sur (R) ; cette image est donc une ligne de courbure. Ainsi les asymptotiques de (M) correspondent aux lignes de courbure de (R) et réciproquement. Il faut en outre que les images sphériques de ces lignes soient rectangulaires (en tant qu'images de lignes de courbure). Il en résulte immédiatement que (M) et (R) sont des élassoïdes conjugués.

Reste donc à traiter le troisième problème : les éléments des deux surfaces sont deux à deux égaux et rectangulaires. Considérons sur ces surfaces les lignes de longueur nulle ; elles se correspondent manifestement, comme étant égales éléments à éléments, mais deux éléments correspondants ne peuvent être rectangulaires sans que leurs tangentes isotropes rencontrent l'ombilicale au même point ; dès lors, si les lignes de longueur nulle sont distinctes sur les deux surfaces, les plans tangents sont parallèles comme contenant deux couples de droites isotropes parallèles.

Ainsi, dans tous les cas, on n'obtient que les élassoïdes conjugués.

§ 81.

Sur deux élassoïdes conjugués, de deux familles de courbes correspondantes dérivent comme lignes conjuguées des lignes qui seraient orthogonales, rapportées sur l'une des surfaces.

Une conséquence intéressante de la propriété fondamentale des élassoïdes conjugués doit être signalée.

Traçons sur (O) une famille de courbes (u) et sur (O') les transformées des courbes (v) trajectoires orthogonales des courbes (u), *les courbes conjuguées de lignes (u) sur (O) et des transformées des (v) sur (O') se correspondent.*

Nous allons maintenant appliquer les résultats qui précèdent à la solution géométrique du problème de Björling.

CHAPITRE XI.

SOLUTION GÉOMÉTRIQUE DU PROBLÈME DE BJÖRLING.

———

§ 82.

Si on planifie deux développables circonscrites à deux élassoïdes conjugués suivant deux contours correspondants, on peut superposer les transformées de ces contours, et les transformées des génératrices seront des droites deux à deux rectangulaires.

Soient (O) et (O′) deux élassoïdes conjugués, considérons, sur ces surfaces, deux contours correspondants (C) et (C′) ; aux points correspondants les plans tangents sont parallèles et les développables circonscrites le long de (C) et de (C′) aux élassoïdes, ont leurs génératrices parallèles.

D'un autre côté, puisque (O) et (O′) sont deux surfaces applicables l'une sur l'autre, les *courbures géodésiques* des courbes correspondantes (C) et (C′) sont égales, aux points correspondants.

Si donc l'on étend les deux développables sur deux plans, les courbes (C) et (C′) se transformeront en deux courbes (v) et (v′) dont les éléments et les rayons de courbure seront égaux ; conséquemment, les courbes (v) et (v′), transformées, se-ront superposables. Effectuant la superposition, tous les points correspondants des deux contours coïncideront ; *quant aux transformées rectilignes des génératrices des développables, elles seront deux à deux rectangulaires.*

Ceci posé, proposons-nous de construire l'élassoïde inscrit à une développable donnée (Δ) le long d'un contour déterminé (C) (c'est-à-dire de résoudre le problème de Björling).

§ 83.

Construire un élassoïde inscrit dans une développable donnée le long d'un contour déterminé (PROBLÈME DE BJÖRLING).

Les opérations à effectuer comportent trois degrés.

En premier lieu on déroulera (Δ) sur un plan et on tracera dans ce plan les perpendiculaires aux transformées des génératrices de la développable menées par les différents points du contour (C) transformé. Les droites ainsi obtenues peuvent être considérées comme les transformées de génératrices d'une certaine développable (Δ') planifiée.

En second lieu on formera cette seconde développable (Δ') en lui donnant même cône directeur qu'à (Δ) ; et on lui assignera une telle position dans l'espace, que les génératrices correspondantes des développables (Δ), (Δ') soient parallèles.

En troisième lieu on joindra les points correspondants des contours (C) et (C') transformés ; enfin, de part et d'autre des milieux des cordes, et sur celle-ci, on parlera des longueurs égales aux produits des demi-cordes par $\sqrt{-1}$.

Les courbes imaginaires, lieux des extrémités des segments ainsi construits, sont les lignes isotropes génératrices des deux élassoïdes.

Les deux premières séries d'opérations peuvent conduire à des résultats non algébriques, la troisième série ne donne lieu qu'à des opérations algébriques.

Les deux premières séries n'entraînent que des opérations essentiellement réelles, mais la troisième série introduit nécessairement des constructions imaginaires.

§ 84.

Des contours conjugués.

En résumé, *si l'on veut construire un élassoïde passant par un contour donné* (C), *il faut tout d'abord construire un contour conjugué* (C') *correspondant au premier, par égalité et par orthogonalité des éléments.*

Ce résultat obtenu, des opérations, simplement algébriques, détermineront les deux élassoïdes conjugués passant par les deux contours.

Nous avons montré par quelles opérations il faut passer pour obtenir le contour (C') conjugué de (C) lorsqu'on se donne la développable circonscrite à l'élassoïde le long de (C), mais rien n'oblige à passer par l'intermédiaire du problème de Björling, dans tous les cas. Il est bien clair que, si, par un procédé quelconque, on a obtenu deux contours conjugués (C) et (C'), les tangentes de ces contours en deux points correspondants, étant situées dans deux plans tangents parallèles, déterminent ces plans eux-mêmes.

§ 85.

Étant donnée une surface gauche, construire les contours conjugués qu'elle détermine.

Si l'on veut simplement obtenir des élassoïdes, sans s'assujettir à les faire passer par un contour déterminé, le procédé le plus simple est encore celui que nous avons déduit de la notion des congruences isotropes, à savoir : *partir d'une surface gauche arbitraire.* Nous avons montré au chapitre VII comment on doit construire le contour (C) suivant lequel les plans moyens touchent l'élassoïde. Il peut paraître intéressant d'indiquer comment s'obtiendrait le contour conjugué (C').

Par un point fixe P de l'espace on mènerait des parallèles aux génératrices de la surface gauche, et, sur ces droites, on porterait des segments PN égaux aux valeurs des *paramètres* ; par les extrémités on élèverait des plans perpendiculaires aux droites ; on obtiendrait ainsi les plans tangents à l'élassoïde conjugué le long du contour cherché (C′) ; celui-ci s'obtiendrait point par point en tirant parti de la proposition démontrée au § 71, en vertu de laquelle le segment NC′ est égal et perpendiculaire au segment joignant le point central d'une génératrice de la surface gauche au point de contact correspondant de l'élassoïde sur (C).

Examinons quelques cas particuliers dans lesquels on peut obtenir immédiatement le contour (C′) conjugué d'un contour déterminé.

Si (C) est le lieu des centres de courbure d'une courbe gauche (C_1), (C′) est le lieu des extrémités de segments issus d'un point fixe de l'espace égaux et perpendiculaires aux rayons de courbure de (C).

Dans ce cas la surface gauche élémentaire est la développable lieu des tangentes de (C_1).

Si (C_1) est algébrique les deux élassoïdes conjugués sont algébriques. Tout cela a déjà été démontré au chapitre VI.

Dans le cas où (C_1) est une courbe plane, le problème prend, naturellement, une simplicité toute particulière.

§ 86.

Contours conjugués d'un contour plan.

Soit (C′) le contour conjugué de (C) ; projetons (C′) en (γ) sur le plan de la courbe (C) ; appelons Z la hauteur variable du point C′ au-dessus du plan : pour que les contours soient conjugués il faut que les tangentes à (C) et (γ) aux points correspondants soient rectangulaires ; en outre

$$dZ = \sqrt{\overline{d(c)}^2 - \overline{d(\gamma)}^2},$$

en désignant par $d(c)$ et $d(\gamma)$ les éléments d'arc des courbes (C) et (γ).

Si les éléments $d(\gamma)$ et $d(c)$ faisaient entre eux un angle constant, même nul, la courbe (C′) obtenue deviendrait satisfaisante par une simple rotation autour d'un axe perpendiculaire au plan de (C).

Le problème est, dans tous les cas, ramené aux quadratures.

Supposons, tout d'abord, que l'on prenne pour (γ) un point ; (C′) se réduit à une droite. Le Z de celle-ci est égal à l'arc de (C). Le premier élassoïde admet pour géodésique la courbe (C). Si celle-ci est la développée d'une courbe algébrique, on pourra algébriquement obtenir la correspondance sur la droite (C′) et, par conséquent, les deux élassoïdes conjugués seront algébriques.

§ 87.

Un élassoïde admettant pour ligne de courbure une courbe plane sera algébrique en même temps que la développante de cette courbe.

Supposons maintenant que (γ) soit une courbe semblable à (C); le rapport de similitude étant k, on aura

$$dZ = d(c)\sqrt{1 - k^2}.$$

Ainsi Z sera proportionnel à l'arc de (C); et, si cet arc peut s'obtenir algébriquement, c'est-à-dire si (C) est la développée d'une courbe algébrique, la courbe (C′) et les deux élassoïdes conjugués seront algébriques.

Il est facile de pousser plus loin l'étude de ce cas intéressant : en effet, de ce que dZ est proportionnel à $d(\gamma)$ résulte que les tangentes à la courbe (C′) font des angles constants avec la normale au plan de (C).

Mais les plans tangents le long de (C) ont leur lignes de plus grande pente parallèles aux tangentes de (C′); conséquemment, l'élassoïde passant par (C) coupe le plan de cette courbe sous un angle constant.

D'après un théorème bien connu, (C) est alors ligne de courbure de l'élassoïde. Ainsi, on est en droit d'énoncer cette généralisation du théorème d'Henneberg :

Tout élassoïde, admettant pour ligne de courbure une courbe plane, sera algébrique si cette courbe est la développée d'une courbe algébrique.

Il n'est pas besoin d'insister pour établir qu'un élassoïde ne pourrait être algébrique sans que son conjugué le fût. Tous les élassoïdes *groupés* ou *stratifiés* sont algébriques si l'un d'entre eux l'est.

§ 88.

Surfaces dont les lignes asymptotiques et leurs images sphériques sont des contours conjugués.

Citons un exemple fort curieux de contours conjugués. Soit une surface (S) telle qu'en chacun de ses points le produit des rayons de courbure principaux soit constant, négatif et égal, en valeur absolue, à a^2. Considérons, d'autre part, une sphère de rayon a et faisons sur la sphère l'image du réseau des asymptotiques de (S).

Soit $d\theta\, a^2$ l'aire sphérique d'un élément de la surface (S). R_1 et R_2 désignant les rayons de courbure principaux de (S), on sait d'après Gauss, que

$$d(\mathrm{S}) = d\theta \cdot \mathrm{R}_1 \mathrm{R}_2.$$

Il en résulte que, dans ce cas, *l'aire d'une portion de la surface* (S) *est égale à l'aire sphérique correspondante, prise sur la sphère de rayon* a.

Manifestement, *toutes les fois que deux surfaces se correspondent avec conservation des aires, on peut tracer sur elles un double réseau de courbes égales par correspondance, et réelles.* Il est manifeste également qu'en deux points correspondants les courbes de longueur conservée se coupent sous des angles supplémentaires (car leurs sinus doivent être égaux, pour que la correspondance homalographique ait lieu).

Dans le cas actuel, on voit facilement que les images sphériques des asymptotiques de (S) (faisant entre elles un angle supplémentaire de celui des asymptotiques), sont, sur la sphère, les lignes de longueur conservée. Mais nous avons déjà eu l'occasion de faire observer qu'une ligne asymptotique et son image sphérique se correspondent toujours par orthogonalité des éléments.

On voit, par conséquent, *qu'une ligne asymptotique de la surface* (S) *et son image, sur la sphère de rayon a, sont deux contours conjugués.*

Les élassoïdes conjugués correspondants sont circonscrits à la surface (S), le long de l'asymptotique, et, à la sphère, suivant l'image (*).

§ 89.

Élassoïdes conjugués inscrits dans une même développable.

Peut-il se faire que deux élassoïdes conjugués soient inscrits à une même surface développable ?

Si l'on planifie cette développable, les deux courbes de contact doivent être superposables, après la transformation, et leurs tangentes aux points correspondants doivent être rectangulaires. Rien de plus simple que de les obtenir : choisissons arbitrairement, dans le plan, un point P ; de ce point, abaissons sur chacune des génératrices limites de la développable, des droites faisant avec elles des angles de 45°, les lieux des points de rencontre seront des courbes identiques, semblables à la podaire par rapport au point P de l'arête de rebroussement planifiée.

Que l'on forme à nouveau la développable, le point P décrira une courbe gauche (P) dont les plans normaux seront tangents à la développable considérée ; la podaire du point P devient le lieu des centres de courbure de la courbe trajectoire de P.

Les élassoïdes conjugués font partie d'une famille d'élassoïdes stratifiés dont l'élassoïde moyen est inscrit, le long de la podaire de P, dans la développable donnée.

Ainsi, *deux élassoïdes conjugués, inscrits à une même développable, seront algébriques si cette développable est l'enveloppe des plans normaux d'une courbe algébrique.*

(*) Nous avons démontré que sur (S) quatre asymptotiques quelconques, par deux, de familles différentes, forment toujours un parallélogramme courbe, en ce sens que les segments opposés sont égaux. Il en est de même des images sphériques.

Dans ce cas, la développable contient les deux lignes de longueur nulle génératrices des deux élassoïdes, ce sont les transformées des deux droites isotropes passant par le point P et tracées dans le plan de la développable aplatie.

§ 90.

Construire deux élassoïdes conjugués inscrits dans deux développables ayant même cône directeur.

On peut, dans la même voie, obtenir un théorème beaucoup plus général : soient données deux développables (Δ) et (Δ') satisfaisant à la seule condition d'avoir même cône directeur ; supposons que l'on demande de leur inscrire deux élassoïdes conjugués de telle façon qu'elles leur soient tangentes le long de contours conjugués. Il s'agit de construire ces contours.

(Δ) et (Δ') peuvent être considérées comme les enveloppes des plans normaux de deux courbes (P) et (P') dont les tangentes correspondantes sont parallèles.

Amenons le point P' en P, en y faisant coïncider les tangentes de (P) et de (P') transportée : les génératrices correspondantes G, G' de (Δ) et de (Δ') seront alors dans un même plan normal à (P). Faisons tourner autour de la tangente à (P) la génératrice G' de (Δ') correspondant au point P', jusqu'à ce qu'elle ait pris une position G_1, à angle droit sur sa position première, les deux droites G_1 et G se rencontreront en un point M qui appartient au contour de contact de (Δ) et de l'élassoïde satisfaisant.

On construira, de la sorte, les deux contours conjugués par des opérations purement algébriques, pourvu que (P) et (P') soient obtenues d'avance.

Nous dirons, en conséquence, que deux élassoïdes conjugués assujettis à toucher deux développables données ayant même cône directeur seront algébriques si les deux développables sont les *polaires* de deux courbes gauches algébriques.

Comme on peut remplacer les points P et P' par deux points arbitraires des plans des deux développables infiniment aplaties, on voit que le problème en question est susceptible d'une ∞^8 de solutions (*).

Un cas très-simple se présente lorsque le point P décrit une courbe sphérique, la surface polaire est un cône et les courbes de contact de ce cône avec deux élassoïdes conjugués sont deux cercles géodésiques passant par le sommet du cône.

(*) Comme on peut effectuer la rotation autour de P de deux côtés différents, les mêmes courbes (P) et (P') donnent lieu à deux systèmes de contours conjugués ; c'est ce qui conduit à l'∞^8 de solutions.

§ 91.

Construction des deux contours conjugués résultant de la connaissance d'une surface gauche.

Le problème de la recherche des contours conjugués peut être abordé de bien des façons ; comme il présente en lui-même un réel intérêt, il ne sera pas inutile de montrer, avec plus de précision que nous ne l'avons encore fait, comment la connaissance d'une surface gauche permet de construire deux couples de contours conjugués.

Nous avons indiqué, au § 37, comment se construisent les points du contour le long desquels les plans moyens de la surface gauche touchent l'élassoïde moyen, et au § 85, comment s'obtiennent les points du contour conjugué ; nous n'y reviendrons pas ; mais, rappelons que parmi les élassoïdes stratifiés que détermine directement la surface gauche, il en est deux qui sont conjugués. Soient (C) et (C') les courbes tracées sur ces élassoïdes et correspondant à la surface gauche choisie (comme surface élémentaire de la congruence isotrope). Soient C et C' les points correspondant à la génératrice D de la congruence.

On sait que C et C' sont dans des plans distants du plan moyen de quantités égales au paramètre de la droite D.

Si O est le point de contact du plan moyen, C et C' sont sur une droite COC' parallèle à la normale à la surface moyenne en M, droite située dans un plan perpendiculaire à OM et dans le plan normal à la ligne de striction. Les droites CP, $C'P'$ font des angles de 45° avec le plan mené par D et par OM (*).

Nous terminerons cette étude des contours conjugués en montrant comment on en peut déduire une infinité de la connaissance d'une surface moyenne de congruence isotrope.

§ 92.

La connaissance d'une surface moyenne conduit à celle d'une infinité de couples de contours conjugués.

On sait qu'une surface de cette nature correspond par orthogonalité de ses éléments à la sphère. Prenant donc une sphère de rayon déterminé, il y aura toujours sur la surface une famille double de courbes égales en arc à leurs correspondantes sur la sphère, ayant par conséquent ces courbes pour conjuguées. Une équation différentielle régit le problème.

A ce propos, il est intéressant de connaître les surfaces les plus simples correspondant à la sphère par orthogonalité des éléments.

(*) P et P' sont situés dans les plans tangents aux élassoïdes conjugués et sur la droite D.

L'élassoïde moyen peut se réduire à un point. Dans ce cas, il faut, d'après (28), que la surface moyenne ait sa courbure nulle. La considération de (26) montre immédiatement que la surface est *plane*.

La correspondance par orthogonalité de la sphère et d'un plan diamétral, par exemple, s'obtient en projetant un point de la sphère sur le plan, puis en faisant tourner cette projection autour du centre, de 90°.

Dans ce cas, les contours conjugués sont imaginaires.

Il convient de signaler que si l'on recherche les élassoïdes groupés, dérivés du réseau isométrique formé de cercles orthogonaux passant par un même point de la sphère, on trouve seulement des points.

On pourrait développer bien davantage, mais il convient de poursuivre l'exposé des considérations générales, afin d'aborder, sans retard, les monographies d'élassoïdes.

Il est naturel, après avoir cherché à déduire les congruences isotropes de la sphère, de voir comment on peut les déduire du plan ; c'est ce qui fera l'objet du prochain chapitre.

CHAPITRE XII.

CONGRUENCES ISOTROPES DÉDUITES DU PLAN.

————

§ 93.

Calcul d'un réseau orthogonal plan duquel on peut déduire une congruence isotrope.

Établissons tout d'abord les conditions exprimant qu'une congruence de droites émanant des points d'une surface de référence est isotrope. Ce calcul nous sera nécessaire dans sa généralité, un peu plus loin, et, pour notre objet actuel, particularisé, il conduira immédiatement au but.

Nous supposerons toujours que les droites D de la congruence sont situées dans les plans ZOX. Désignons par i l'angle de D avec la normale OZ.

L'équation de la surface élémentaire, établie comme d'habitude, donne pour l'angle θ du plan tangent en un point M de D avec le plan ZOX

$$\operatorname{tg}\theta = \frac{g\,dv + \mathrm{L}\left[dv\left(\dfrac{dg}{f\,du}\sin i + \mathrm{Q}\cos i\right) - du\left(\dfrac{df}{g\,dv}\sin i + f\mathrm{D}\cos i\right)\right]}{f\cos i\,du + \mathrm{L}\left[dv\left(\dfrac{di}{dv} + g\mathrm{D}\right) + du\left(\dfrac{di}{du} + \mathrm{P}\right)\right]}.$$

L'équation des plans focaux, établie comme précédemment, est

$$\operatorname{tg}^2\theta\left(-\mathrm{D} + \frac{di}{g\,dv}\right) + \frac{\operatorname{tg}\theta}{fg\cos i}\left(g\mathrm{P} - \mathrm{Q}f\cos^2 i + g\frac{di}{du} - \cos i\sin i\frac{dg}{du}\right)$$
$$+\,\mathrm{D} + \operatorname{tg}i\frac{df}{g\,dv} = 0.$$

La congruence sera isotrope si

$$g\mathrm{P} - f\mathrm{Q}\cos^2 i + g\frac{di}{du} - \cos i\sin i\frac{dg}{du} = 0 \tag{54}$$

en même temps que

$$2\mathrm{D}g - \frac{di}{dv} + \operatorname{tg}i\frac{df}{f\,dv} = 0. \tag{55}$$

Supposons maintenant que (O) se réduise à un plan, il vient (P, Q, D étant nuls),

$$\frac{di}{du}\,\frac{1}{\sin i \cos i} = \frac{dg}{g\,du},$$

$$\frac{di}{dv}\,\frac{\cos i}{\sin i} = \frac{df}{f\,dv},$$

on en déduit

$$g \cot i = \mathrm{V},$$

$$\frac{f}{\sin i} = \mathrm{U}.$$

Éliminant l'angle i, on trouve la relation

$$\frac{\mathrm{U}^2}{f^2} - \frac{\mathrm{V}^2}{g^2} = 1. \tag{56}$$

Inversement, *toutes les fois qu'on aura, dans le plan, un réseau orthogonal caractérisé par l'équation* (56), *on en déduira une congruence isotrope.* Les calculs précédents démontrent également cette réciproque. Mais on voit facilement que d'un réseau satisfaisant on peut déduire *deux* congruences isotropes définies par les systèmes

$$\begin{cases} g \cot i = \mathrm{V}, \\ \dfrac{f}{\sin i} = \mathrm{U}, \end{cases} \qquad \begin{cases} f \cot \omega = \sqrt{-1}\,\mathrm{U}, \\ \dfrac{g}{\sin \omega} = \sqrt{-1}\,\mathrm{V}. \end{cases}$$

On peut même, puisque U et V sont des fonctions indéterminées de u et de v, considérer U et V comme de même signe dans (56), en général.

En fait, lorsque les signes de U^2 et de V^2 seront tous deux positifs, les congruences isotropes seront imaginaires toutes les deux ; lorsque les signes seront contraires, l'une des congruences sera formée de droites réelles et l'autre de droites imaginaires.

On est également en droit de compter les congruences formées des droites symétriques, par rapport au plan, de celles des (D). Donc, en général, d'un réseau satisfaisant, on pourra déduire quatre congruences isotropes, symétriques par couple, relativement au plan (O).

Il est facile de voir qu'il y a seulement quatre plans isotropes focaux pour ces quatre congruences, et que ces plans eux-mêmes se groupent par couples coupant le plan (O) suivant deux droites imaginaires.

§ 94.

D'un réseau orthogonal satisfaisant on déduit quatre plans isotropes en chaque point du plan, se coupant suivant deux droites de ce plan.

C'est ce qu'on vérifie sans peine en cherchant en $du\,dv$ l'équation quadratique des traces sur (O) des plans focaux de la congruence. On trouve, en général, pour une surface de référence arbitraire

$$0 = dv^2 \left(-g^2 \mathrm{D} + g\frac{di}{dv} \right) + du\,dv \left(g\mathrm{P} - \mathrm{Q}f\cos^2 i + g\frac{di}{du} - \cos i \sin i\frac{dg}{du} \right)$$
$$+ du^2 \left(f^2 \mathrm{D}\cos^2 i + \sin i \cos i\frac{f}{g}\frac{df}{dv} \right) ;$$

mais, *dans l'espèce*, il vient

$$g^2\,dv^2 + f^2\cos^2 i\,du^2 = 0.$$

Pour les autres congruences satisfaisantes, on aurait, symétriquement,

$$f^2\,du^2 + g^2\cos^2 \omega\,dv^2 = 0;$$

et ces deux équations sont équivalentes à

$$du^2\frac{f^4}{\mathrm{U}^2} + dv^2\frac{g^4}{\mathrm{V}^2} = 0. \tag{57}$$

Ces directions seront imaginaires, lorsque, parmi les congruences, deux seront réelles ; inversement lorsque ces directions seront réelles toutes les congruences isotropes satisfaisantes seront imaginaires.

On sait par la théorie des congruences isotropes que ces directions imaginaires sont les traces, sur le plan de référence, des plans tangents aux développables isotropes focales des congruences satisfaisantes. Conséquemment, les directions en question doivent former dans le plan deux familles de *droites* imaginaires enveloppant les traces, sur le plan, des deux développables isotropes focales.

§ 95.

Définition géométrique du réseau orthogonal satisfaisant.

Si l'on considère deux développantes des traces focales, le réseau orthogonal (u, v) est formé par l'ensemble des courbes telles que la somme ou la différence des distances de leurs points aux deux développantes soient constantes.

Vérifions au moyen de l'équation (56), que le réseau (u, v) satisfait toujours à la définition précitée. On peut, dans chaque cas, particulariser ces variables U et V, et ramener l'expression du carré de l'élément linéaire à la forme

$$dS^2 = \frac{dv^2}{\cos^2 \varphi} + \frac{du^2}{\sin^2 \varphi},$$

qui caractérise d'après M. Weingarten tout réseau orthogonal formé (sur une surface arbitraire) par les courbes dont tous les points sont à des distances géodésiques de deux courbes fixes dont la somme ou la différence est constante (*).

Ici, quand l'angle φ est réel, les congruences isotropes sont toutes imaginaires, et inversement.

Comme vérification, on doit trouver que les lignes définies par l'équation (57) sont des géodésiques.

§ 96.

Cas où le réseau satisfaisant est isométrique : il est composé de coniques
homofocales.

Le réseau (u, v) ne peut, à la fois, être isométrique et être caractérisé par la relation (56), que si le carré de l'élément linéaire du plan peut se mettre sous la forme

$$dS^2 = (U^2 - V^2)(du^2 + dv^2);$$

mais alors, d'après une théorie *bien connue* de M. Liouville, l'intégrale des géodésiques du plan peut s'écrire

$$U \sin^2 \varphi + V \cos^2 \varphi = k \ (^\dagger)$$

et chaque valeur de la constante k définira une double famille de géodésiques, enveloppant, par conséquent, deux courbes. Lorsque les valeurs de k seront telles que l'angle φ soit imaginaire, on déduira des droites ainsi obtenues deux congruences isotropes réelles.

Ainsi *le réseau orthogonal plan, particulier, qui est à la fois isométrique et de la forme permettant l'intégration des géodésiques, donnera lieu à une ∞^2 de congruences isotropes.* Nous ne nous arrêterons pas à démontrer, après M. Liouville, que ce réseau plan, remarquable, est *unique* et qu'il est formé par des coniques homofocales.

Dans ce cas *les congruences isotropes satisfaisantes ne sont autre chose que l'ensemble des génératrices des hyperboloïdes homofocaux ayant pour trace, sur le plan*

(*) M. OSSIAN BONNET a donné, de ce fait, une démonstration simple (p. 96 du XLIIe cahier du *Journal de l'École polytechnique*).

(†) C'est d'ailleurs l'intégrale qu'on obtiendrait immédiatement en cherchant à résoudre (57) qui est l'équation des traces principales des congruences isotropes.

de référence, les ellipses du réseau (u, v) *et dont* une *quelconque de ces ellipses est la focale.*

Autant on choisira de focales distinctes, autant on obtiendra de congruences isotropes différentes.

Nous n'insistons pas davantage sur ces propriétés qui mettent à part les congruences isotropes formées des génératrices de quadriques homofocales; dans le chapitre XVII nous montrerons, en effet, comment tout ce qui précède est un cas particulier d'une proposition plus générale et pourtant caractéristique.

Pour obtenir, en termes finis, les équations d'élassoïdes et surtout des élassoïdes algébriques dont s'est préoccupée spécialement l'Académie de Belgique, il convient d'établir (maintenant que nous avons élucidé les propriétés des congruences), sous la forme la plus simple, des formules qui permettent d'effectuer en langage algébrique, et par avance, les opérations géométriques dont nous avons montré l'agencement. Cette nouvelle étude ne laissera pas de mettre en relief d'intéressantes propriétés des élassoïdes auxquelles nous n'avons pas encore été conduit.

§ 97.

Plans isotropes passant par une droite déterminée.
Équations.

Soit une congruence de droites. Si, par chaque droite, on mène les deux plans isotropes qu'elle détermine, ceux-ci couperont, suivant deux droites, un plan fixe arbitraire.

Inversement si dans un plan on se donne deux droites, on peut en déduire, par *isotropie*, quatre droites dans l'espace.

Supposons que les droites considérées aient pour équations

$$x \cos \varphi + y \sin \varphi = 0,$$
$$x \cos \psi + y \sin \psi = 0,$$

où les angles φ et ψ sont arbitraires et complexes (c'est-à-dire imaginaires, conjugués ou non).

Les plans isotropes, passant par la première droite, ont pour équation quadratique

$$X \cos \varphi + Y \sin \varphi \pm iZ = 0.$$

De même, les plans isotropes, passant par la seconde droite, sont représentés par l'équation à double signe

$$X \cos \psi + Y \sin \psi \pm iZ = 0.$$

Les deux doubles signes sont indépendants.

Les droites d'intersection des plans isotropes (en ne considérant pas les symétriques) ont pour équations, soit

$$X = \frac{iZ(\sin \varphi - \sin \psi)}{\sin(\psi - \varphi)}, \quad Y = \frac{iZ(\cos \psi - \cos \varphi)}{\sin(\psi - \varphi)},$$

soit

$$X = -\frac{iZ(\sin \varphi + \sin \psi)}{\sin(\psi - \varphi)}, \quad Y = -\frac{iZ(\cos \psi + \cos \varphi)}{\sin(\psi - \varphi)}.$$

Il ne faut considérer, naturellement, que les équations pouvant représenter des droites réelles quand φ et ψ sont imaginaires conjugués. Posant

$$\varphi = \alpha + \beta i, \quad \psi = \alpha - \beta i,$$

les deux systèmes d'équations deviennent

$$X = -\frac{2iZ \cos \alpha}{e^{\beta} + e^{-\beta}}, \quad Y = -\frac{2iZ \sin \alpha}{e^{\beta} + e^{-\beta}},$$

ou

$$X = \frac{2Z \sin \alpha}{e^{\beta} - e^{-\beta}}, \quad Y = \frac{2Z \cos \alpha}{e^{-\beta} - e^{\beta}}.$$

Ainsi la seconde combinaison doit seule être conservée.

§ 98.

Intégrale générale analytique d'une congruence isotrope.

Donnons-nous arbitrairement les traces, sur le plan de référence, de deux développables isotropes ; ces traces peuvent être deux courbes arbitraires, imaginaires. On peut toujours les considérer comme les enveloppes de deux droites variables définies par les équations

$$x \cos \varphi + y \sin \varphi - F(\varphi) = 0,$$
$$x \cos \psi + y \sin \psi - f(\psi) = 0,$$

où F et f sont des fonctions, données, des angles complexes φ et ψ. D'après ce qui vient d'être dit, les droites de la congruence isotrope, dérivant de ces courbes imaginaires, sont définies ainsi

$$\left. \begin{array}{l} X = -iZ \dfrac{\sin \varphi + \sin \psi}{\sin(\psi - \varphi)} + \dfrac{F \sin \psi - f \sin \varphi}{\sin(\psi - \varphi)} \\[2ex] Y = iZ \dfrac{\cos \psi + \cos \varphi}{\sin(\psi - \varphi)} - \dfrac{F \cos \psi - f \cos \varphi}{\sin(\psi - \varphi)} \end{array} \right\} \tag{58}$$

Telle est, si l'on veut, sous une forme simple, l'intégrale générale des congruences isotropes.

§ 99.

Calcul du paramètre d'une congruence isotrope.

Il s'agit maintenant de calculer les équations du *plan moyen* et la valeur du *paramètre*.

Soient, en général,

$$x = aZ + p, \quad y = bZ + q,$$

les équations d'une congruence, où a, b, p, q sont des fonctions de deux paramètres variables. Établissons l'équation de variation des plans tangents à une surface élémentaire, le long de la droite D, dont la trace est le point A.

Soit DAδ le plan projetant de la droite D sur le plan de référence ; considérons une position D$'$ de la droite, infiniment voisine de D. Soit M$'$ un point de D$'$ situé à la hauteur Z ; projetons-le en m, sur le plan DAδ et en μ sur D. θ désignant toujours l'angle du plan tangent à la surface élémentaire avec le plan projetant de D, on a

$$\operatorname{tg}\theta = \frac{\mathrm{M}'m}{m\mu}.$$

L'équation du plan projetant est

$$b(x - p) - a(y - q) = 0,$$

les coordonnées du point M$'$ (que, pour plus de simplicité, on suppose se déplacer dans un plan horizontal) croissent de

$$\Delta \mathrm{X} = \Delta a \cdot \mathrm{Z} + \Delta p,$$
$$\Delta \mathrm{Y} = \Delta b \cdot \mathrm{Z} + \Delta q.$$

On en conclut, par les règles élémentaires,

$$\mathrm{M}'m = \frac{b(\Delta a \cdot \mathrm{Z} - \Delta p) - a(\Delta b \cdot \mathrm{Z} - \Delta q)}{\sqrt{a^2 + b^2 + 1}} \, (^*).$$

D'un autre coté, le plan passant par D, perpendiculaire au plan projetant, a pour équation

$$a(x - a\mathrm{Z} - p) + b(y - b\mathrm{Z} - q) = 0,$$

$m\mu$ n'est autre chose que la distance de M$'$ à ce plan. Conséquemment, nous aurons

$$m\mu = \frac{a(\Delta a \cdot \mathrm{Z} + \Delta p) + b(\Delta b \cdot \mathrm{Z} + \Delta q)}{\sqrt{(a^2 + b^2)(1 + a^2 + b^2)}}.$$

(*) M$'m$ étant la plus courte distance des deux droites.

En définitive,

$$\operatorname{tg}\theta = \frac{b(\Delta a \cdot Z + \Delta p) - a(\Delta b \cdot Z + \Delta q)}{a(\Delta a \cdot Z + \Delta p) + b(\Delta b \cdot Z + \Delta q)}\sqrt{a^2 + b^2}.$$

Ici

$$a = -\frac{i(\sin\varphi + \sin\psi)}{\sin(\psi - \varphi)}, \quad b = \frac{i(\cos\varphi + \cos\psi)}{\sin(\psi - \varphi)},$$

$$p = \frac{\mathrm{F}\sin\psi - f\sin\varphi}{\sin(\psi - \varphi)}, \quad q = -\frac{\mathrm{F}\cos\psi - f\cos\varphi}{\sin(\psi - \varphi)}.$$

Si on laissait arbitraires les variations des paramètres φ et ψ, les calculs seraient longs, mais la théorie générale nous ayant appris que les résultats recherchés sont invariables quelles que soient les surfaces élémentaires choisies, on est libre de les particulariser et, par exemple, de supposer la relation

$$\psi - \varphi = \mathrm{K},$$

constamment vérifiée. Comme

$$(a^2 + b^2) = -\frac{2\big[1 + \cos(\psi - \varphi)\big]}{\sin^2(\psi - \varphi)},$$

on voit que, par cet artifice, on a constamment

$$a\Delta a + b\Delta b = 0.$$

En somme, on obtient

$$\operatorname{tg}\theta = \frac{\big[2Z + i(\mathrm{F} - f)\big]\big[1 + \cos(\psi - \varphi)\big] + i\big[\mathrm{F}' + f'\big]\sin(\psi - \varphi)}{-i[\mathrm{F}' - f']\big[1 + \cos(\psi - \varphi)\big] + i[\mathrm{F} + f]\sin(\psi - \varphi)}. \tag{59}$$

Z et $\operatorname{tg}\theta$ sont infinis en même temps. On aura, par conséquent, la valeur de Z afférente au *point central* en annulant $\operatorname{tg}\theta$:

$$2Z_0 + i[\mathrm{F} - f] + i[\mathrm{F}' + f']\frac{\sin(\psi - \varphi)}{1 + \cos(\psi - \varphi)} = 0. \tag{60}$$

Le *paramètre* se trouve dès lors mis en évidence dans l'équation (59), il est défini par la relation

$$2P_0 = i[\mathrm{F}' - f'] + i[\mathrm{F} + f]\frac{\sin(\psi - \varphi)}{1 + \cos(\psi - \varphi)}. \tag{61}$$

§ 100.

Calcul des équations des plans tangents aux élassoïdes conjugués.

Connaissant le Z du *point central*, on obtient immédiatement pour l'équation du *plan moyen*

$$0 = -2\mathrm{X}(\sin\varphi + \sin\psi) + 2\mathrm{Y}(\cos\varphi + \cos\psi)$$
$$+ \sin(\psi - \varphi)\left[-2\mathrm{Z}i + (\mathrm{F} - f) - (\mathrm{F}' + f')\cot\frac{\psi - \varphi}{2}\right]. \tag{62}$$

La distance de l'origine des coordonnées au plan moyen, distance égale au *para-mètre* d'une congruence isotrope conjuguée de (58), c'est-à-dire ayant pour élassoïde moyen le conjugué de l'élassoïde défini par (58), a pour expression

$$2\mathrm{P}_0 = -(\mathrm{F}' + f') + (\mathrm{F} - f)\operatorname{tg}\frac{\psi - \varphi}{2}. \tag{63}$$

Inversement, l'équation (61) donne, pour le plan tangent de l'élassoïde conjugué :

$$-2\mathrm{X}(\sin\varphi + \sin\psi) + 2\mathrm{Y}(\cos\varphi + \cos\psi)$$
$$+ i\big\{\sin(\psi - \varphi)[\mathrm{F} + f - 2\mathrm{Z}] + (\mathrm{F}' - f')\big[1 + \cos(\psi - \varphi)\big]\big\} = 0. \tag{64}$$

Pour obtenir une congruence isotrope génératrice de l'élassoïde conjugué, il suffit de faire tourner, de $\frac{\pi}{2}$, la droite (58) autour de l'origine. Nous trouvons de la sorte par des calculs dont nous supprimons les détails

$$\left.\begin{aligned}
\mathrm{X} &= -\frac{i(\sin\varphi + \sin\psi)}{\sin(\psi - \varphi)}\mathrm{Z} + (\mathrm{F}\cos\psi - f\cos\varphi)\Delta \\
\mathrm{Y} &= \frac{i(\cos\varphi + \cos\psi)}{\sin(\psi - \varphi)}\mathrm{Z} + (\mathrm{F}\sin\psi - f\cos\varphi)\Delta,
\end{aligned}\right\} \tag{65}$$

où Δ^2 a pour valeur

$$\Delta^2 = \frac{2\mathrm{F}f}{\big[1 + \cos(\psi - \varphi)\big]\big[\mathrm{F}^2 + f^2 - 2\mathrm{F}f\cos(\psi - \varphi)\big]}.$$

Il serait très-facile, s'il y avait intérêt, de former les équations de toutes les congruences isotropes satisfaisantes, en utilisant la transformation du § 34 ; mais en général, quand on en aura besoin, ce sera pour chercher toutes les surfaces moyennes, et il sera toujours plus rapide d'effectuer la transformation sur les congruences par-ticulières définies par des paramètres réels.

Cherchons maintenant à déterminer les coordonnées des points des deux élas-soïdes, en fonction des paramètres complexes φ et ψ.

Posons pour un instant

$$\frac{\psi - \varphi}{2} = \alpha, \quad \frac{\psi + \varphi}{2} = \beta.$$

Les équations des plans tangents aux deux élassoïdes deviennent, pour l'élassoïde moyen :

$$-\mathrm{X}\sin\beta + \mathrm{Y}\cos\beta + \sin\alpha\left[-\mathrm{Z}i + \frac{\mathrm{F}-f}{2}\right] - \frac{\mathrm{F}'+f'}{2}\cos\alpha = 0, \qquad (62')$$

pour l'élassoïde conjugué

$$-\mathrm{X}\sin\beta + \mathrm{Y}\cos\beta + \sin\alpha\left[-\mathrm{Z}i + i\frac{\mathrm{F}+f}{2}\right] - i\frac{\mathrm{F}'-f'}{2}\cos\alpha = 0. \qquad (64')$$

§ 101.

Coordonnées des points des élassoïdes conjugués.

N'oublions pas que F et f sont des fonctions de φ et de ψ individuellement, et représentons comme d'habitude, par exemple

$$\frac{d^2\mathrm{F}}{d\varphi^2} \quad \text{par} \quad \mathrm{F}'',$$

comme on a

$$\frac{d\varphi}{d\alpha} = -1, \quad \frac{d\varphi}{d\beta} = +1,$$

$$\frac{d\psi}{d\alpha} = +1, \quad \frac{d\psi}{d\beta} = +1,$$

on peut considérer maintenant les équations $(62')$ $(64')$ comme formées de fonctions des paramètres α et β, et chercher les caractéristiques.

Tout d'abord, pour l'élassoïde moyen, on trouve

$$2\mathrm{Z}i = (\mathrm{F} + \mathrm{F}'') - (f + f''),$$

$$\mathrm{X}\cos\beta + \mathrm{Y}\sin\beta - \sin\alpha\frac{\mathrm{F}'-f'}{2} + \cos\alpha\frac{\mathrm{F}''+f''}{2} = 0;$$

repassant maintenant aux expressions en φ et ψ, il vient, en résumé,

$$\boxed{\text{ÉLASSOÏDE MOYEN.}} \quad \left.\begin{aligned} \mathrm{X} + \frac{\mathrm{F}'\sin\varphi + \mathrm{F}''\cos\varphi}{2} + \frac{f'\sin\psi + f''\cos\psi}{2} &= 0, \\ \mathrm{Y} - \frac{\mathrm{F}'\cos\varphi - \mathrm{F}''\sin\varphi}{2} - \frac{f'\cos\psi - f''\sin\psi}{2} &= 0, \\ \mathrm{Z} = -i\frac{(\mathrm{F}+\mathrm{F}'') - (f+f'')}{2}. & \end{aligned}\right\} \qquad (66)$$

De la même manière on calculera les coordonnées du point correspondant de l'élassoïde conjugué ; on trouve

$$
\boxed{\text{ÉLASSOÏDE CONJUGUÉ.}}
\qquad
\left.
\begin{aligned}
\frac{X}{i} + \frac{F' \sin \varphi + F'' \cos \varphi}{2} - \frac{f' \sin \psi + f'' \cos \psi}{2} &= 0, \\
\frac{Y}{i} - \frac{F' \cos \varphi - F'' \sin \varphi}{2} + \frac{f' \cos \psi - f'' \sin \psi}{2} &= 0, \\
Z = \frac{(F + F'') + (f + f'')}{2}. &
\end{aligned}
\right\}
\qquad (67)
$$

Ces deux groupes d'équations fort simples sont susceptibles d'interprétations géométriques importantes.

Soient (A) et (B) les deux courbes imaginaires, sections des deux développables isotropes par le plan de référence, P une origine fixe. Soient A et B les points des deux courbes déterminés par les deux valeurs φ et ψ des paramètres. Enfin, soient a et b les centres de courbure correspondants. Désignons par R_A, R_B les rayons de courbure de (A) et (B) en A et B.

On sait que le centre de courbure a, par exemple, est déterminé par l'équation de la normale en A à (A)

$$
-x \sin \varphi + y \cos \varphi - F' = 0,
$$

et par celle de la caractéristique qui est la normale de la développée

$$
-x \cos \varphi - y \sin \varphi - F'' = 0.
$$

§ 102.

Définition géométrique des points des élassoïdes conjugués.

Désignons par O et O$'$ les points correspondants des deux élassoïdes, par ω et ω' leurs projections sur le plan de référence.

1° *La projection ω du point* O *de l'élassoïde moyen* (O) *est au milieu du segment ab* ;

2° *Le* Z *du point* O *de l'élassoïde moyen* (O) *est égal à la demi-différence des rayons de courbure* R_A *et* R_B *multipliée par* $\sqrt{-1}$;

3° *Si l'on joint l'origine* P, *fixe, au point ω' projection sur le plan de référence du point* O$'$ *de l'élassoïde conjugué* (O$'$) *le segment* Pω' *est égal à la moitié du segment ab multiplié par* $\sqrt{-1}$, *de plus* Pω' *et ab sont parallèles*

$$
P\omega' = i\frac{ab}{2}.
$$

4° *Le Z du point* O' *de l'élassoïde conjugué* (O') *est égal à la demi-somme des rayons de courbure* R_A *et* R_B.

Les deux premières propriétés sont des conséquences immédiates de la construction ponctuelle de l'élassoïde moyen comme lieu des milieux des cordes s'appuyant à leurs extrémités sur les arêtes de rebroussement de deux développables isotropes, si l'on tient compte de cette proposition (énoncée pour la première fois par M. Moutard) : *La projection de l'arête de rebroussement d'une développable isotrope, sur un plan donné, est la développée de la section, par le plan, de la développable.*

§ 103.

Définition des sections planes d'un élassoïde.

Arrêtons-nous un moment, afin de tirer de ce qui précède des conséquences. Supposons que les courbes (A) et (B) se superposent ; elles coïncideront alors avec une courbe (C) qui sera toujours réelle si les élassoïdes sont réels.

On sait, et l'on vérifie d'ailleurs à première vue, que la développée (D) de la courbe appartient à l'élassoïde moyen, qu'elle est une géodésique de cette surface. On voit de nouveau que le contour conjugué est une droite perpendiculaire au plan de la courbe (C). Pour obtenir le point O' de cette droite correspondant à un point D de la développée (D), il suffit de prendre PO' égal à AD.

Le plan de (C) *coupe l'élassoïde moyen suivant une courbe double, lieu des milieux des cordes joignant les centres de courbure des cercles osculateurs, de même rayon, de la courbe* (C).

Considérons maintenant une courbe (D) symétrique par rapport à une droite PP'. Il est clair que tous les couples de points symétriques a et b donneront lieu à un point O situé dans le plan perpendiculaire au plan de (D) et passant par l'axe de symétrie, mais deux cas sont à distinguer, ou (D) coupe l'axe PP' à angle droit ou elle y présente un rebroussement de première espèce.

Dans le premier cas (C) présente en P un rebroussement et les rayons de courbure Aa, Bb doivent être considérés comme étant de signe contraire ; dès lors *le point* O *est dans le plan de symétrie à une hauteur au-dessus de* ω *marquée par le produit de la longueur de l'arc imaginaire* Pb *par* $\sqrt{-1}$. *On voit que le plan de symétrie coupera l'élassoïde moyen suivant une nouvelle géodésique dont les points réels correspondront aux couples de points symétriques, imaginaires, de* (D) *et inversement.* Nous reviendrons plus loin sur ce cas particulier. Le contour conjugué n'est autre chose qu'une droite perpendiculaire au plan de symétrie.

Au contraire, si la courbe (D) présente un rebroussement sur l'axe de symétrie, la développante (C) coupant cet axe à angle droit en P, les rayons de courbure en deux points symétriques ont même signe, leur différence est donc nulle. En conséquence, *le plan de symétrie de* (D) *coupe l'élassoïde moyen suivant l'axe de symétrie* PP'.

Le contour conjugué est, au contraire, une géodésique située dans un plan perpendiculaire à l'axe PP'.

§ 104.

On peut tracer sur des élassoïdes, même algébriques, des droites n'ayant que des parties réelles situées sur ces surfaces.

Au point de vue de la réalisation physique par le procédé de M. Plateau, il convient de faire observer que, toutes les fois qu'un élassoïde, algébrique ou non, admettra un plan de symétrie, lui et son conjugué, simultanément algébriques, contiendront des droites ; mais il est fort remarquable que certaines de ces droites soient seulement réelles partiellement. Donnons un exemple.

Soit proposé de construire l'élassoïde admettant pour géodésique la développée d'une ellipse ; il est algébrique ainsi que son conjugué, mais, sur celui-ci, le contour correspondant à la développée est une droite égale en longueur (nous parlons de la partie réelle) au quart du périmètre total de la développée.

Aussi dans la réalisation physique devra-t-on obtenir des nappes se reliant d'elles-mêmes à des segments de droite limités.

On peut déduire, des formules interprétées ci-dessus, des conséquences d'un genre tout différent.

Si les arcs (a) et (b) des courbes développées de (A) et (B) s'expriment algébriquement, les élassoïdes seront algébriques.

§ 105.

Élassoïdes transcendants admettant des lignes algébriques.

Bornons-nous à examiner le cas de l'élassoïde admettant pour géodésique une courbe plane (D) ; si celle-ci n'est pas la développée d'une courbe algébrique (C), *les élassoïdes seront transcendants, mais dans certains cas ils contiendront des courbes algébriques.*

Les courbes algébriques d'un élassoïde transcendant correspondront aux groupements de points a et b tels que la différence ou la somme des longueurs correspondantes des arcs (a) et (b) soient algébriques.

Un exemple éclaircira : Soit proposé de chercher l'*élassoïde admettant pour géodésique une ellipse donnée* (D). Cette surface est transcendante, puisque le Z est proportionnel à la différence des deux arcs de l'ellipse.

Mais, considérons les points du plan rangés suivant une hyperbole homofocale (H), ou suivant une ellipse (E) également homofocale à (D). On sait, d'après un théorème dû à M. Chasles, que si le point M décrit l'ellipse (E), par exemple, les arcs décrits par les points de contact des tangentes à (D) issues de M ont une différence algébrique (*). Dès lors, les points de l'élassoïde correspondant à ceux de l'ellipse (E) seront situés sur une courbe algébrique.

Au contraire, si l'on suit l'hyperbole (H), ce sont les points de l'élassoïde conjugué qui se rangent suivant une courbe algébrique.

Étant donnée la nature des transcendantes déterminant les longueurs d'arcs d'ellipse, on voit que sur chacun des deux élassoïdes précités il n'y a qu'une famille de courbes algébriques. Au demeurant, s'il y en avait deux, les élassoïdes seraient algébriques.

§ 106.

Les lignes de niveau d'un élassoïde admettant pour géodésique une courbe plane algébrique dont l'arc s'exprime par une fonction elliptique de première espèce, sont algébriques.

Soit pris en général pour (D) une courbe algébrique dont l'arc s'exprime par une fonction elliptique de première espèce [M. Serret a montré qu'il en existe une infinité, toutes unicursales ; la plus simple est la lemniscate de Bernoulli]. *L'élassoïde qui admet* (D) *pour géodésique, et son conjugué, sont coupés par des plans parallèles à celui de* (D) *suivant des courbes algébriques.*

Il importe d'observer que ces diverses courbes algébriques ne se correspondent pas d'un élassoïde à l'autre. On sait d'ailleurs qu'en thèse générale, si l'on trouve deux contours conjugués algébriques, les élassoïdes conjugués sont algébriques.

Ajoutons que, *le long d'une courbe algébrique d'un élassoïde transcendant, la développable circonscrite est algébrique.* En effet, l'équation (62′) donne pour la trace du plan tangent à l'élassoïde moyen sur le plan de référence

$$-\mathrm{X}\sin\beta + \mathrm{Y}\cos\beta + \sin\alpha\frac{\mathrm{F}-f}{2} - \frac{\mathrm{F}'+f'}{2}\cos\alpha = 0.$$

§ 107.

Sur l'algébricité des développables circonscrites à un élassoïde le long de courbes algébriques.

On peut toujours supposer que l'origine est transportée pour un instant au point de rencontre des tangentes en a et b, et que l'axe des X coïncide avec la bissectrice de l'angle $a\mathrm{M}b$ (car si les points a et b sont imaginaires conjugués, l'origine et l'axe seront réels), l'équation précédente devient alors

$$\mathrm{Y} + \sin\alpha\frac{\mathrm{F}-f}{2} = 0.$$

(*) A la façon de compter les arcs, adoptée ci-dessus, il faut dire ici la différence.

La trace du plan tangent est donc parallèle à la bissectrice de l'angle aMb. Parce que la courbe suivie est algébrique, le Z est algébrique, conséquemment (voir § 101)

$$F - f + F'' - f'',$$

est une expression algébrique ; or F'' et f'' distance de l'origine aux normales en a et b sont manifestement algébriques ; dès lors la différence $F - f$ est algébrique.

Conséquemment, les traces des développables circonscrites à un élassoïde le long d'un contour algébrique, traces prises sur un plan arbitraire, sont algébriques. L'algébricité des développables elles-mêmes est donc complétement démontrée.

On vérifierait facilement que la trace du plan tangent à l'élassoïde moyen passe par le milieu de la corde AB (voir § 101). On donnerait une définition aussi simple du plan tangent à l'élassoïde conjugué.

§ 108.

Lignes de longueur nulle se projetant sur un plan donné suivant des courbes
algébriques. Exemples.

Les considérations précédentes ne sont vraies que si les courbes (a) et (b) sont algébriques. Il est d'ailleurs bien facile de former autant d'exemples que l'on voudra d'élassoïdes satisfaisant à cette condition : nous avons montré à la § 87 qu'à toute section plane d'un élassoïde correspond un contour conjugué dont la projection sur le plan de la courbe peut être arbitraire. Si donc la première courbe et la projection de la seconde courbe sont prises algébriques, les lignes isotropes des élassoïdes conjugués auront pour projections des lignes algébriques.

Par exemple, si l'on considère l'élassoïde admettant pour ligne de courbure une conique, on voit facilement que ses lignes isotropes ont pour projections sur le plan de la conique deux familles de coniques identiques.

CHAPITRE XIII.

LIGNES DE COURBURE OU LIGNES ASYMPTOTIQUES DES ÉLASSOÏDES DÉDUITS DU PLAN.

-----

§ 109.

Calcul des éléments d'un élassoïde dépendant du deuxième ordre.

Déduisons, des calculs précédents, ce qui a trait à l'image sphérique des élassoïdes, afin de pouvoir appliquer les résultats obtenus au § 55.

La formule (62) fait voir que les coordonnées du point de l'image sphérique (sur une sphère de rayon R) sont définies par le groupe

$$\frac{-\mathrm{X}}{\sin\dfrac{\psi+\varphi}{2}} = \frac{\mathrm{Y}}{\cos\dfrac{\psi+\varphi}{2}} = \frac{\mathrm{Z}i}{\sin\dfrac{\psi-\varphi}{2}} = \frac{\mathrm{R}}{\cos\dfrac{\psi-\varphi}{2}}.$$

On en déduit, pour le carré de l'élément linéaire,

$$d\mathrm{S}^2 = \frac{\mathrm{R}^2}{\cos^2\dfrac{\psi-\varphi}{2}}\, d\psi\, d\varphi.$$

On voit que les lignes isotropes de la sphère correspondent, comme cela devait être, aux tangentes des lignes (A) et (B). Nous trouvons

$$a = -\frac{1}{4}\Big\{\mathrm{F} - f - \mathrm{F}'\sin(\psi-\varphi) + \mathrm{F}''\big[1 + \cos(\psi-\varphi)\big]\Big\},$$

$$b = \ \ \frac{1}{4}\Big\{\mathrm{F} - f - f'\sin(\psi-\varphi) - f''\big[1 + \cos(\psi-\varphi)\big]\Big\},$$

et nous en concluons

$$\frac{da}{d\varphi} = -\frac{(\mathrm{F}' + \mathrm{F}''')}{2}\cos^2\frac{(\psi-\varphi)}{2},$$

$$\frac{db}{d\psi} = -\frac{(f' + f''')}{2}\cos^2\frac{(\psi-\varphi)}{2}.$$

Conséquemment, nous déduirons :

1° pour le carré de l'élément linéaire de l'élassoïde moyen

$$dS^2 = (F' + F''')(f' + f'') \cos^2 \frac{(\psi - \varphi)}{2}\, d\varphi\, d\psi. \tag{68}$$

2° pour les rayons de courbure principaux

$$R^2 = (F' + F''')(f' + f''') \cos^4 \frac{(\psi - \varphi)}{2}. \tag{69}$$

3° pour l'équation de directions conjuguées

$$(F' + F''')\, d\varphi\, d\varphi' + (f' + f''')\, d\psi\, d\psi' = 0. \tag{70}$$

En particulier, l'équation des lignes de courbure peut s'écrire

$$d\varphi \sqrt{F' + F'''} = \pm d\psi \sqrt{f' + f'''}.$$

§ 110.

Équations des lignes de courbure et des asymptotiques. Introduction des mêmes intégrales, en cherchant des élassoïdes passant par un contour plan.

Désignons par R_a et R_b les rayons de courbure en (a) et (b) des développées de (A) et de (B) projections des arêtes de rebroussement des focales isotropes ; l'équation précédente est équivalente à

$$d\varphi \sqrt{R_a} = \pm d\psi \sqrt{R_b}. \tag{71}$$

Il est bien clair, également, que les lignes de courbure des élassoïdes stratifiés, dérivés de l'élassoïde moyen, sont définies par l'équation

$$m\, d\varphi \sqrt{R_a} = \pm n\, d\psi \sqrt{R_b}.$$

Si donc les expressions

$$\int d\varphi \sqrt{R_a} \quad \text{et} \quad \int d\psi \sqrt{R_b},$$

qui dépendent de quadratures, sont algébriques, les projections des lignes de courbure de tous les élassoïdes stratifiés sont toutes algébriques (*).

(*) Les projections sur le plan de (a) et (b) sont alors algébriques parce que l'on suppose (a) et (b) algébriques. Les images sphériques des lignes de courbure des élassoïdes dérivés sont aussi toutes algébriques, elles peuvent même l'être si les intégrales caractéristiques sont algébriques sans que (a) et (b) le soient.

Il pourrait se faire que les lignes de courbure d'un seul des élassoïdes de la famille fussent algébriques. Ce cas se présenterait si les expressions précitées étaient des fonctions elliptiques de première espèce.

La théorie des contours conjugués conduit aussi à considérer les mêmes intégrales à un point de vue tout différent.

Soient trois courbes planes parallèles et équidistantes (c) (a) (γ) ; désignons par a les distances constantes et égales ca et $a\gamma$.

Cherchons le Z du contour (c') conjugué de (c) et qui admet pour projection sur le plan de la figure la courbe (γ), après une rotation de 90° autour d'un point du plan. Comme

$$d(c) = (\mathrm{R} + a)\, d\theta,$$
$$d(\gamma) = (\mathrm{R} - a)\, d\theta,$$

si R et $d\theta$ désignent le rayon de courbure et l'angle de contingence de (a) au point a ; d'après ce qui a été dit au § 87

$$d\mathrm{Z} = \sqrt{d(c)^2 - d(\gamma)^2} = \sqrt{2a}\cdot d\theta\, \sqrt{\mathrm{R}}.$$

Conséquemment

$$\mathrm{Z} = \sqrt{2a}\int d\theta\, \sqrt{\mathrm{R}}.$$

Sans entrer dans aucun nouveau détail, nous dirons, par exemple, que :

Toutes les fois qu'un élassoïde admet une géodésique plane (a) et que les projections de ses lignes de courbure, sur le plan de la géodésique, sont algébriques, on peut faire passer un élassoïde algébrique par chacune des courbes parallèles à (a).

Arrêtons-nous un instant à montrer comment se déterminent les lignes de courbure d'élassoïdes simples, algébriques ou non.

§ 111.

Les lignes de courbure d'un élassoïde dont une parabole est géodésique dépendent des fonctions elliptiques.

Élassoïde admettant pour géodésique une parabole.

L'élassoïde n'est pas algébrique puisque l'arc de la développante de la parabole dépend des logarithmes. Prenant pour origine le foyer et pour axe polaire l'axe de la courbe, on voit, d'après les propriétés élémentaires de la parabole, que

$$\mathrm{R} = \frac{p}{\cos^3\theta}\,(*),$$

si p désigne le paramètre de la courbe. Conséquemment l'intégrale caractéristique de l'équation des lignes de courbure (car les deux intégrales sont de même forme quand les deux courbes (a) et (b) coïncident) est

$$\sqrt{p} \cdot \int \frac{d\theta}{\sqrt{\cos^3 \theta}} \, ,$$

posons

$$\cos \theta = \frac{1}{\cos 2\omega} \, ,$$

on obtient l'intégrale transformée

$$\sqrt{p} \, \sqrt{-1} \int d\omega \, \sqrt{1 - 2\sin^2 \omega}.$$

Ainsi la détermination des lignes de courbure (ou des asymptotiques) dépend des fonctions elliptiques.

§ 112.

Lignes de courbure d'un élassoïde admettant pour géodésique la développée d'une parabole. (Fonctions elliptiques.)

Élassoïde admettant pour géodésique la développée d'une parabole.
Cette surface est algébrique :
Le rayon de courbure de la développée n'est autre chose que la dérivée du rayon de courbure de la développante ; on aura donc, en conservant les notations précédentes, pour l'intégrale caractéristique,

$$\int \frac{d\theta \, \sqrt{\sin \theta}}{\cos^2 \theta} \, ,$$

posons cette fois,

$$\cos \theta = \frac{1}{\frac{\sqrt{2}}{2}(\cos \omega + \sin \omega)} \, ;$$

nous obtenons l'intégrale transformée

$$\int d\omega \, \sqrt{1 - 2\sin^2 \omega}.$$

Ainsi, *la détermination des lignes de courbure ou des asymptotiques de l'élassoïde admettant pour géodésique la développée d'une parabole dépend aussi des fonctions elliptiques.*

(*) θ étant l'angle de la normale avec l'axe de la parabole.

§ 113.

Lignes de courbure des élassoïdes admettant pour géodésique une épicycloïde.
(Fonctions elliptiques.)

Considérons maintenant *tous les élassoïdes admettant pour géodésiques des épi-*
cycloïdes ou des hypocycloïdes planes. On sait que ces courbes sont semblables à
leurs développées, par conséquent toutes celles qui sont algébriques [et il y en a une
infinité] donnent lieu à des élassoïdes algébriques.

R désignant le rayon du cercle, *base de l'épicycloïde,* et r le rayon de la *roulette*
génératrice, p la distance, à la tangente, du centre de la *base,* ω étant l'angle de la
normale et de l'axe polaire,

$$p = (\mathrm{R} + 2r)\sin\frac{\mathrm{R}}{\mathrm{R}+2r}\omega,$$

de même, pour une hypocycloïde on trouverait

$$p' = (\mathrm{R} - 2r)\sin\frac{\mathrm{R}}{\mathrm{R}-2r}\omega.$$

Conséquemment, d'une façon générale pour les deux genres de courbes,

$$p = \alpha \sin k\omega,$$

et les courbes correspondantes seront algébriques chaque fois que k sera un nombre
commensurable.

L'intégrale caractéristique des lignes de courbure prend la forme

$$\int d\omega \, \sqrt{\sin k\omega},$$

posons

$$\omega = \frac{\pi}{2k} - \frac{2}{k}\varphi$$

et nous transformerons l'intégrale précédente en celle-ci

$$\int d\varphi \, \sqrt{1 - 2\sin^2 \varphi}.$$

Donc on peut énoncer cette proposition générale :

La détermination des lignes de courbure ou des asymptotiques des élassoïdes ad-
mettant pour géodésiques une épicycloïde ou une hypocycloïde, dépend des fonctions
elliptiques.

§ 114.

Élassoïde d'Enneper à lignes de courbure algébriques.

Donnons maintenant des exemples d'élassoïdes dont les lignes de courbure sont algébriques.

Considérons *l'élassoïde admettant pour géodésique la première podaire négative de la parabole, prise par rapport au foyer.*

La podaire de la courbe considérée n'est autre chose que la parabole ; conséquemment, si p désigne la distance de l'origine à une tangente, et θ l'angle de la normale avec l'axe polaire

$$p = \frac{a}{\cos^2 \dfrac{\theta}{2}},$$

(a désignant cette fois le demi-paramètre de la parabole) comme d'ailleurs

$$R = p + \frac{d^2 p}{d\theta^2} = \frac{3}{2} a \, \frac{1}{\cos^4 \dfrac{\theta}{2}};$$

on voit que l'intégrale caractéristique a pour valeur

$$\operatorname{tg} \frac{\theta}{2},$$

par conséquent l'équation des lignes de courbure est

$$\operatorname{tg} \frac{\varphi}{2} \pm \operatorname{tg} \frac{\psi}{2} = \text{constante},$$

et l'on voit que les lignes de courbure ou les asymptotiques sont algébriques.

D'un autre côté, on aura manifestement une développante de la courbe choisie en considérant l'équation tangentielle

$$P = \int p \, d\theta,$$

où P désigne la distance de l'origine à la tangente de cette développante et φ l'angle de la tangente et de l'axe polaire. Or,

$$P = 2a \cdot \operatorname{tg} \frac{\theta}{2}.$$

La développante est donc algébrique.

On voit que *l'élassoïde qui admet pour géodésique la première podaire négative de la parabole prise par rapport au foyer, est algébrique ; il a ses lignes de courbure et ses lignes asymptotiques algébriques.*

Nous montrerons plus loin que cet élassoïde a ses lignes de courbure planes. Il a été découvert par Enneper.

Les considérations du § 109 peuvent être invoquées ; elles montrent que *par les courbes parallèles à la première podaire négative de la parabole* (le pôle étant au foyer) *on peut faire passer des élassoïdes algébriques.*

§ 115.

On peut déduire de l'élassoïde d'Enneper un nouvel élassoïde algébrique dont les lignes de courbure s'intègrent.

Mais on peut déduire de ce qui précède un nouvel élassoïde algébrique dont les lignes de courbure ou les asymptotiques s'intègrent.

Si nous considérons en effet l'élassoïde admettant pour géodésique la développée de cette première podaire négative de la parabole (surface manifestement algébrique), nous trouvons pour l'intégrale caractéristique des lignes de courbure

$$\int \frac{d\theta}{\cos^2 \frac{\theta}{2}} \sqrt{\operatorname{tg} \frac{\theta}{2}}.$$

Dès lors l'intégrale des lignes de courbure ou des asymptotiques est donnée par une relation de la forme

$$m \left(\operatorname{tg} \frac{\varphi}{2}\right)^{\frac{3}{2}} \pm n \left(\operatorname{tg} \frac{\psi}{2}\right)^{\frac{3}{2}} = \text{constante}.$$

Enfin, ce qui précède met en évidence une application des plus remarquables sur laquelle il convient d'insister.

§ 116.

Deux exemples de lignes de courbure transcendantes.

La podaire négative dont il vient d'être question est la développée d'une courbe algébrique (C) dont l'équation tangentielle est, comme nous l'avons montré,

$$P = 2a - \operatorname{tg} \frac{\theta}{2}.$$

Les développantes de celles-ci sont à leur tour définies par l'équation

$$P' = -4a \log \cos \frac{\theta}{2} + C,$$

laquelle est transcendante, par conséquent *l'élassoïde, qui admet* (C) *pour géodésique, est transcendant.*

Les lignes de courbure et les asymptotiques sont également transcendantes ; donc de ce côté il n'y a rien à découvrir au point de vue de l'*algébricité*.

Mais il n'en sera pas de même si nous considérons la transformée par rayons vecteurs réciproques de la parabole en prenant pour pôle de transformation le foyer.

Soit θ l'angle de la parallèle à la normale en c à la courbe considérée (C). Soit P le pied de la perpendiculaire abaissée du foyer F sur la tangente. Enfin soit b le point correspondant de la première podaire négative de la parabole. On sait que Fb est parallèle à la normale en c à (C) et que F, P et b sont en ligne droite.

On a manifestement

$$Fb = \frac{a}{\cos^3 \dfrac{\theta}{3}} \, ,$$

comme d'ailleurs

$$Fb \times FP = a^2,$$

(a^2 étant pris pour la puissance de transformation)

$$FP = a \cos^3 \frac{\theta}{3};$$

mais, si l'on forme l'équation de la développante

$$P = \int d\theta \, a \cos^3 \frac{\theta}{3} = 3a \sin \frac{\theta}{3} \left(1 - \frac{1}{3} \sin^2 \frac{\theta}{3} \right).$$

On voit qu'elle est algébrique ; conséquemment :

L'élassoïde qui admet pour géodésique la transformée par rayons vecteurs réciproques d'une parabole (le pôle étant au foyer) *est algébrique* (*).

On trouve en opérant comme d'habitude, pour le rayon de courbure de (C),

$$R_c = \frac{2}{3} a \cos \frac{\theta}{3}.$$

Dès lors l'intégrale caractéristique des lignes de courbure et des asymptotiques devient

$$\int \frac{d\theta}{6} \sqrt{\cos \frac{2\theta}{6}} = \int \frac{d\theta}{6} \sqrt{1 - 2\sin^2 \frac{\theta}{6}}.$$

La détermination des lignes de courbure de cet élassoïde dépend encore des fonctions elliptiques.

(*) Cette courbe est une cardioïde, variété d'une épicycloïde algébrique ; conséquemment, on devait prévoir que l'élassoïde serait algébrique, mais ce qui précède conduit à la généralisation qu'il importait de signaler.

§ 117.

Étude d'une famille d'élassoïdes algébriques ou dépendant de fonctions circulaires.

Plus généralement, considérons la courbe (C_n) dont l'équation tangentielle est

$$p_n = a \cos^n \frac{\theta}{n};$$

on trouve pour son rayon de courbure R_n

$$R_n = a \cdot \frac{n-1}{n} \cos^{n-2} \frac{\theta}{n}.$$

Conséquemment la développante serait définie par l'équation

$$P_{D_n} = na \int \frac{d\theta}{n} \cos^n \frac{\theta}{n},$$

et l'intégrale caractéristique des lignes de courbure des élassoïdes dérivés de (C_n) serait

$$\int d\theta \, \cos^{\frac{n}{2}-1} \frac{\theta}{n}.$$

Si n est impair,

$$P_{D_n} = a \sin \frac{\theta}{n} \left[\cos^{n-1} \frac{\theta}{n} + \frac{n-1}{n-2} \cos^{n-3} \frac{\theta}{n} + \cdots \frac{2 \cdot 4 \cdots (n-3)(n-1)}{1 \cdot 3 \cdots (n-4)(n-2)} \right] + C;$$

par conséquent *la développante est toujours algébrique.*

Il en résulte, alors, que *tout élassoïde admettant pour géodésique une courbe* (C_{2m+1}) *est algébrique.* [Nous indiquons par les notations (C_{2m}), (C_{2m+1}) des courbes satisfaisantes pour lesquelles le coefficient n prend des valeurs paires et impaires.]

Si n est pair,

$$P_{D_n} = a \sin \frac{\theta}{n} \left[\cos^{n-1} \frac{\theta}{n} + \frac{n-1}{n-2} \cos^{n-3} \frac{\theta}{n} + \cdots \frac{3 \cdot 5 \cdots (n-3)(n-1)}{2 \cdot 4 \cdots (n-4)(n-2)} \cos \frac{\theta}{n} \right]$$
$$+ \frac{1 \cdot 3 \cdots (n-3)(n-1)}{2 \cdot 4 \cdots (n-2)n} \frac{\theta}{n} + C.$$

Conséquemment *tout élassoïde admettant pour géodésique une courbe* (C_{2m}) *dépend des fonctions circulaires.*

Mais il est remarquable que, dans ce cas, les intégrales caractéristiques, et par conséquent les lignes de courbure des élassoïdes dérivés dépendent aussi seulement des fonctions circulaires. En effet, on a

$$n = 4m; \quad \text{ou} \quad n = 2m,$$

suivant que le nombre pair n est ou n'est pas divisible par 4.

Supposons tout d'abord que n soit divisible par 4 ; il vient alors

$$\int d\theta \sqrt{R} = k \int d\omega \, \cos^{2m-1} \omega,$$

dont l'expression intégrale est algébrique. Il en résulte que *les projections des lignes de courbure et des asymptotiques des élassoïdes dérivés d'une courbe* (C_{4n}), *sur le plan de cette courbe, sont algébriques. Les courbes elles-mêmes, comme les élassoïdes, dépendent des fonctions circulaires.*

Supposons maintenant que n ne soit divisible que par 2

$$\int d\theta \sqrt{R} = k \int d\omega \, \cos^{m-1} \omega,$$

et comme la puissance du cosinus est paire, *les projections des lignes de courbure des élassoïdes dérivés de la courbe* (C_{2n}) *dépendent des fonctions circulaires.*

Considérons encore le cas où n est pair et négatif. Soit, par exemple,

$$n = -4m, \quad ou \quad n = -2m$$

Dans le premier et le second cas

$$\begin{aligned}
P_{D_{-2m}} &= a \int d\theta \, \sec^{2m} \frac{\theta}{2m} \\
&= a \frac{\sin \dfrac{\theta}{2m}}{2m-1} \left[\sec^{2n-1} \frac{\theta}{2m} + \frac{2m-2}{2m-3} \sec^{2m-3} \frac{\theta}{2m} + \cdots \right. \\
&\qquad\qquad \left. + \frac{2 \cdot 4 \cdots (2m-4)(2m-2)}{1 \cdot 3 \cdots (2m-5)(2m-3)} \sec \frac{\theta}{2m} \right] + C;
\end{aligned}$$

par conséquent *les élassoïdes dérivés sont tous algébriques.*

Dans le premier cas $[n = -4m]$

$$\begin{aligned}
\int d\theta \sqrt{R} &= k \int d\omega \, \sec^{2m+1} \omega \\
&= k \frac{\sin \omega}{2m} \left[\sec^{2m} \omega + \frac{2m-1}{2m-2} \sec^{2m-1} \omega + \cdots + \frac{3 \cdot 5 \cdots (2m-1)}{2 \cdot 4 \cdots (2m-2)} \sec^2 \omega \right] \\
&\qquad + \frac{1 \cdot 3 \cdots (2m-1)}{2 \cdot 4 \cdots 2m} \log \operatorname{tg} \left(\frac{\omega}{2} + \frac{\pi}{4} \right),
\end{aligned}$$

donc *les projections des lignes de courbure des élassoïdes dérivés, sur le plan de* (C_{-4m}), *dépendent des logarithmes.*

Dans le second cas $[n = -2m]$

$$\int d\theta \sqrt{R} = k \int d\omega \, \sec^{2m'} \omega$$

$$= k \frac{\sin \omega}{2m' - 1} \left[\sec^{2m'-1} \omega + \frac{2m' - 2}{2m' - 3} \sec^{2m'-3} \omega + \cdots \right.$$

$$\left. + \frac{2 \cdot 4 \cdots (2m' - 4)(2m' - 2)}{1 \cdot 3 \cdots (2m' - 5)(2m' - 3)} \sec \omega \right] + C;$$

par conséquent *les lignes de courbure des élassoïdes dérivés de* (C_{-2m}) *sont algébriques.*

§ 118.

Récapitulation de la nature des élassoïdes et de leurs lignes de courbure.

On peut résumer les résultats établis ci-dessus, dans un tableau récapitulatif. (*) Remarquons tout d'abord que les courbes (C) sont des *podaires positives ou négatives d'un point fixe* (†), que par conséquent *une podaire positive et la podaire négative de même rang peuvent être considérées comme les transformées par rayons vecteurs réciproques l'une de l'autre.*

§ 119.

Autres élassoïdes algébriques à lignes de courbure intégrables.

Il serait bien facile de former les équations d'élassoïdes dont les lignes de courbure ou les asymptotiques peuvent s'intégrer ; démontrons-en simplement la possibilité.

Tout élassoïde admettant pour géodésique la développée d'une courbe (C_n) podaire, positive ou négative d'un point fixe, sera algébrique. Mais puisque

$$R_n = a \frac{n - 1}{n} \cos^{n-2} \frac{\theta}{n},$$

on obtient par dérivation pour le rayon de courbure de la développée

$$\frac{d}{d\theta} R_n = - \frac{a(n - 1)(n - 2)}{n^2} \cos^{n-3} \frac{\theta}{n} \sin \frac{\theta}{n}.$$

Conséquemment l'intégrale caractéristique des lignes de courbure du nouvel élassoïde sera de la forme

$$\int d\omega \, \cos^{\frac{n-3}{2}} \omega \cdot \sin^{\frac{1}{2}} \omega,$$

(*) *Voir* page 132.   —TRANS.
(†) Si n est entier seulement.

Valeurs du coefficient n.	Indices des podaires de points.	Désignation de la courbe (C).	Nature des élassoïdes dérivés.	Lignes de courbure ou asymptotiques. NATURE	
				des projections.	des courbes mêmes.
....	....	....	....	....	....
-8	-9	»	Algébrique	Fonctions logarithmiques	Fonctions logarithmiques
-7	-8	»	»	»	»
-6	-7	»	*Algébrique*	*Algébriques*	*Algébriques*
-5	-6	»	»	»	»
-4	-5	»	Algébrique	Fonctions logarithmiques	Fonctions logarithmiques
-3	-4	»	»	»	»
-2	-3	Géodésique de l'ennépérien	*Algébrique*	*Algébriques*	*Algébriques*
-1	-2	Parabole	Logarithmique	Fonctions elliptiques	De deuxième espèce
0	-1	Droite	Plan	»	»
$+1$	0	Point	Point	Fonctions elliptiques	De première espèce
$+2$	$+1$	Cercle	Fonctions circulaires	Fonctions circulaires	Fonctions circulaires
$+3$	$+2$	Cardioïde	Algébrique	Fonctions elliptiques	De deuxième espèce
$+4$	$+3$	»	Fonctions circulaires	*Algébriques*	Fonctions circulaires
$+5$	$+4$	»	Algébrique	»	»
$+6$	$+5$	»	Fonctions circulaires	Fonctions circulaires	Fonctions circulaires
$+7$	$+6$	»	Algébrique	»	»
$+8$	$+7$	»	Fonctions circulaires	*Algébriques*	Fonctions circulaires
$+9$	$+8$	»	Algébrique	»	»
....	....	....	....	....	....

qui se ramène immédiatement aux intégrales binômes. En particulier si n est égal à

$$4\alpha + 2 \quad \text{ou} \quad 4\alpha + 1,$$

l'intégration s'effectue complétement, α étant un nombre entier arbitraire.

A propos de l'étude des élassoïdes applicables sur des surfaces de révolution, nous aurons l'occasion de montrer de nouveaux exemples d'élassoïdes dont les lignes de courbure sont algébriques.

§ 120.

Relations entre deux géodésiques planes réciproques, d'un même élassoïde.

Nous terminerons ce chapitre en établissant une propriété fort curieuse des élassoïdes admettant un plan de symétrie. Un élassoïde de cette nature est coupé par le plan suivant une géodésique ; si celle-ci admet un axe de symétrie, le plan mené par cet axe perpendiculairement au premier est encore plan de symétrie ; il coupe donc l'élassoïde suivant une nouvelle géodésique et ce sont les relations de ces deux géodésiques réciproques que nous allons mettre en évidence.

Soient pris pour plan des XY et des ZX les deux plans de symétrie, le plan des YZ étant pris perpendiculairement aux précédents, et l'origine étant arbitraire.

Considérons une développable isotrope dont les tangentes sur le plan des XY ont pour équation

$$X \cos \varphi + Y \sin \varphi - F = 0.$$

Soit d'un autre côté pour l'équation des traces des plans tangents de cette développable sur le plan des ZX

$$X \cos \alpha + Z \sin \alpha - p = 0.$$

L'équation du plan tangent isotrope étant

$$X \cos \varphi + Y \sin \varphi + iZ - F = 0,$$

sa section par le plan des ZX aura pour équation

$$X \cos \varphi + iZ - F = 0,$$

on l'identifiera à la trace déjà considérée en posant

$$p = \frac{F}{i \sin \varphi} = -\frac{iF}{\sin \varphi},$$

$$\operatorname{tg} \alpha = \frac{i}{\cos \varphi} \quad \text{d'où} \quad \cos \alpha = \pm i \cot \varphi,$$

on en déduit

$$\frac{d\varphi}{d\alpha} = i \sin \varphi.$$

Désignons par (M) et (N) les traces de la développable isotrope sur les plans des XY et des XZ, par M et N les points de contact des tangentes correspondantes; par (m) et (n) les développées respectives de (M) et (N); par m et n les points correspondants de ces courbes; enfin par R_M et R_N ou R_m et R_n les rayons de courbure des courbes (M) et (N) ou (m) et (n). Comme

$$\frac{dp}{d\alpha} = F' - F \cot \varphi,$$

$$\frac{d^2p}{d\alpha^2} = i(F'' \sin \varphi - F' \cos \varphi) + \frac{F}{\sin \varphi},$$

on voit que

$$R_N = p + \frac{d^2p}{d\alpha^2} = i(F'' \sin \varphi - F' \cos \varphi).$$

Pour le rayon de courbure de la développée on obtient de même

$$R'_n = \frac{d}{d\alpha} R_N = -(F''' + F') \sin^2 \varphi.$$

Enfin, désignons par m et n les longueurs des normales menées en m et n aux courbes (m) et (n) et prolongées l'une jusqu'à la rencontre de l'axe OY, l'autre jusqu'à la rencontre de l'axe OZ. Nous trouvons

$$n = (F'' \cos \varphi + F' \sin \varphi) \sin \varphi.$$

Parallèlement on a

$$R'_m = F''' + F',$$
$$m = \frac{F'' \cos \varphi + F' \sin \varphi}{\sin \varphi}.$$

Le tableau suivant, dans lequel nous avons introduit les coordonnées des points m et n, résume l'analyse précédente.

DANS LE PLAN DES X, Y.	DANS LE PLAN DES X, Z.
$-x_m = F'' \cos \varphi + F' \sin \varphi,$	$-x_n = F'' \cos \varphi + F' \sin \varphi,$
$+y_m = F'' \sin \varphi - F' \sin \varphi,$	$z_n = i(F'' + F),$
$m = \dfrac{F'' \cos \varphi + F' \sin \varphi}{\sin \varphi},$	$n = (F'' \cos \varphi + F' \sin \varphi) \sin \varphi,$
$R'_m = F''' + F'.$	$R'_n = -(F''' + F') \sin^2 \varphi.$

Prenons pour (m) une courbe réelle et cherchons l'élassoïde qui l'admet pour géodésique. Cet élassoïde est *double*; les deux arêtes de rebroussement des focales isotropes génératrices coïncident avec une seule ligne de longueur nulle dont la projection sur le plan des XY sera (m), comme elle sera (n) sur le plan des XZ. Conséquemment le tableau précédent donne les relations existant entre deux géodésiques particulières de l'élassoïde. Si $S_{(m)}$ et $S_{(n)}$ désignent les longueurs des arcs de ces deux courbes (toutes deux réelles si OX est axe de symétrie) on a

$$z_n = iS_{(m)}, \qquad y_m = iS_{(n)},$$
$$x_n = x_m,$$
$$\frac{R'_m}{m} = -\frac{R'_n}{n}.$$

Les deux premières relations sont de simples vérifications de ce fait que les courbes (m) et (n) sont les deux projections d'une courbe de longueur nulle.

§ 121.

Géodésiques planes pour lesquelles $R = \pm kn$ *; elles sont toujours associées sur un même élassoïde.*

La troisième relation présente un intérêt tout particulier. Il est clair qu'aux points réels de la courbe (m) correspondent des points imaginaires de (n) et inversement ; la relation qui nous occupe n'aurait donc qu'un intérêt secondaire si elle ne caractérisait pour certaines courbes une double propriété invariante.

Considérons en effet une courbe (m) telle que le rapport du rayon de courbure à la normale (comptée jusqu'à l'axe OY) soit constant et égal à k. La relation précitée exprime que la courbe (n) jouit d'une propriété analogue, le rapport du rayon de courbure et de la normale étant cette fois égal à $-k$.

L'étude des élassoïdes qui donnent lieu à ces propriétés fera l'objet du chapitre qui suit.

CHAPITRE XIV.

ÉTUDE D'UNE FAMILLE D'ÉLASSOÏDES PARTICULIERS.—LIGNES

ALGÉBRIQUES. LIGNES DE COURBURE.

———

§ 122.

Il y a deux élassoïdes satisfaisants déjà connus, l'alysséide et la surface de
M. Catalan.

Il convient tout d'abord d'observer que l'on connaît déjà deux élassoïdes de la
famille.

L'élassoïde de révolution a pour méridienne une chaînette qui est une ligne géodésique plane ; il admet une autre géodésique plane qui est le cercle de gorge. Pour
cette courbe le rayon de courbure est égal à la normale, et, conformément au théorème général, le rayon de courbure de la chaînette est bien égal et de signe contraire
à la normale comptée jusqu'à la base. L'élassoïde de révolution est transcendant,
mais il admet une famille de lignes algébriques qui sont les sections par des plans
perpendiculaires à l'axe de révolution.

En second lieu, M. Catalan a fait connaître un très-bel élassoïde engendré par
des paraboles et une cycloïde, admettant deux géodésiques planes, l'une parabolique,
l'autre cycloïdale, comportant aussi une famille de courbes algébriques, les paraboles
du second degré. Or la parabole, comme la cycloïde, jouit de cette propriété que son
rayon de courbure est double de la normale. Dans le premier cas, le rapport est
négatif (la normale est comptée jusqu'à la directrice), dans le second cas, le rapport
est positif (la normale est comptée jusqu'à la base).

C'est en faisant *à priori* ce rapprochement et en cherchant pourquoi s'associent
sur un même élassoïde des courbes algébriques et transcendantes disparates, comme
la parabole et la cycloïde, que nous avons été amené à soupçonner le théorème
général.

§ 123.

Les roulettes génératrices des courbes pour lesquelles R $= n\rho$ *ont pour équation*

$$p = a \cos^n \frac{\theta}{n}.$$

Cherchons les courbes planes (O) pour lesquelles le rayon de courbure R_0 est égal au produit de la normale comptée jusqu'à la rencontre d'une droite DD′, par un coefficient n arbitraire, mais constant. Bien que le problème soit résolu dans tous les traités, il convient pour notre objet d'en donner une solution fort simple et qui a l'avantage d'introduire à nouveau des courbes intéressantes, rencontrées précédemment.

Considérons la roulette (C) qui, roulant sur DD′, ferait décrire à un point O de son plan la courbe satisfaisante (O) : μ désignant à chaque instant l'angle de OC avec DD′, r désignant le rayon de courbure en C de (C), on obtient sans difficulté la relation (*)

$$R_0 = \frac{\rho^2}{\rho - r \sin \mu}.$$

Dans le cas actuel, de ce que

$$R_0 = n\rho,$$

on déduit

$$\frac{\rho}{\sin \mu} \cdot \frac{n-1}{n} = r.$$

Considérons maintenant la roulette (C) dans son plan, XX′ étant un axe fixe passant par le pôle O, ω désignant l'angle polaire COX′, θ l'angle de la normale à (C) avec l'axe fixe. On sait que, si d(C) représente l'élément d'arc

$$\frac{d(C)}{d\omega} = \frac{\rho}{\sin \mu},$$
$$\frac{d(C)}{d\theta} = r.$$

Conséquemment l'équation du problème devient

$$d\theta \, \frac{n-1}{n} = d\omega.$$

Donc, en choisissant pour XX′ une direction convenable

$$\theta \frac{n-1}{n} = \omega;$$

(*) ρ désigne la distance OC.

mais d'un autre côté, on a généralement

$$\theta = \frac{\pi}{2} - \mu + \omega,$$

ce qui, dans l'espèce, donne

$$\frac{\pi}{2} - \mu = \frac{\theta}{n}.$$

Il est maintenant facile d'intégrer l'équation des courbes (C). Si p désigne la distance OP de l'origine à la tangente, comme l'angle de la tangente à la podaire (P) avec OP est égal à μ, on sait que

$$\cot \mu = -\frac{dp}{p\, d\theta}.$$

Il en résulte pour l'équation différentielle des courbes (C)

$$\frac{dp}{p} + n\, \frac{d\theta}{n}\, \mathrm{tg}\, \frac{\theta}{n} = 0.$$

En définitive

$$p = a \cos^n \frac{\theta}{n}.$$

Ainsi les roulettes (C) sont précisément les courbes étudiées au chapitre précédent.

Si nous revenons aux courbes (O), nous voyons que

$$\text{l'ordonnée} \quad y = p,$$
$$\text{l'abscisse} \quad x = \int p\, d\theta;$$

car cette dernière intégrale est, comme il a été dit déjà, l'expression de la distance de l'origine (O) à la tangente d'une développante (D) de (C), et, la courbe (D) entraînée dans le roulement de (C) sur DD$'$ passe constamment par un point fixe qu'on peut prendre pour origine des abscisses.

Conséquemment la courbe (O) sera algébrique *en même temps que l'élassoïde admettant la roulette correspondante* (C) *pour géodésique.*

§ 124.

Les deux roulettes génératrices des courbes pour lesquelles R $= \pm n\rho$ *sont transformées l'une de l'autre par rayons vecteurs réciproques.*

D'après le théorème général qui a motivé cette étude, l'élassoïde, admettant (O) pour géodésique, en admet une autre (O$'$) telle qu'en chacun de ses points

$$\mathrm{R}_{\mathrm{O}'} = -n\rho.$$

Dès lors, la roulette (C') correspondante a pour équation tangentielle

$$p' = a \cos^{-n} \frac{\theta}{n},$$

et l'on a

$$pp' = a^2.$$

Les podaires des roulettes (C), (C') *correspondantes, sont transformées, par rayons vecteurs réciproques, l'une de l'autre.*

Le rayon de courbure R_O a pour valeur

$$R_O = n\rho = n \frac{p}{\sin \mu} = na \cos^{n-1} \frac{\theta}{n};$$

par conséquent l'intégrale caractéristique de l'élassoïde qui admet pour géodésique (O) (l'angle de contingence de (O) étant précisément $d\mu$) a pour valeur

$$\int d\theta \, \cos^{\frac{n-1}{2}} \frac{\theta}{n},$$

et l'équation des lignes de courbure ou des asymptotiques de l'élassoïde sera algébrique toutes les fois que l'intégrale précédente le sera. Les projections de ces lignes, ou seulement leurs images sphériques, seront alors algébriques.

Occupons-nous en premier lieu des courbes (O) seules. D'après ce qui vient d'être dit, on voit qu'il convient de distinguer quatre classes de courbes (O).

§ 125.

Courbes du genre cycloïde.

Première classe caractérisée par des valeurs paires et positives de n. Les points de la courbe correspondant à une valeur du paramètre sont définis par les équations simultanées

$$y = a \cos^n \omega,$$
$$\frac{x}{a} = \sin \omega \left[\cos^{n-1} \omega + \frac{n-1}{n-2} \cos^{n-3} \omega + \cdots \frac{3 \cdot 5 \cdots (n-3)(n-1)}{2 \cdot 4 \cdots (n-4)(n-2)} \cos \omega \right]$$
$$+ \frac{1 \cdot 3 \cdots (n-3)(n-1)}{2 \cdot 4 \cdots (n-2)n} \omega;$$

ces courbes sont périodiques, elles présentent une suite d'ondes cycloïdales ; *la cycloïde en est le type.*

§ 126.

Paraboles du degré n.

Deuxième classe caractérisée par des valeurs paires et négatives de n. Les points d'une courbe correspondant à une valeur du paramètre (considéré ci-après en valeur absolue) sont donnés par les équations simultanées

$$y = a \cos^{-n} \omega,$$

$$\frac{x}{a} = \frac{n}{n-1} \operatorname{tg} \omega \left[\frac{1}{\cos^{n-2} \omega} + \frac{n-2}{n-3} \frac{1}{\cos^{n-4} \omega} + \cdots \frac{2 \cdot 4 \cdots (n-4)(n-2)}{1 \cdot 3 \cdots (n-5)(n-3)} \right].$$

Si l'on donne à y une certaine valeur il n'y a que n valeurs de x correspondantes, car les valeurs de $\cos \omega$ affectées des signes $\pm$ donnent le même résultat dans la parenthèse et comme $\operatorname{tg} \omega$ comporte le double signe, on voit que *les courbes considérées sont algébriques et du $n^{\text{ième}}$ degré.* Il faut vérifier qu'il n'y a pas de points à l'infini sur les directions parallèles à l'axe des x pour que le raisonnement qui précède soit légitime ; or pour que x devienne infini il faut que

$$\lim \frac{y}{x} = \frac{2(n-1)}{n} \lim \frac{1}{\sin 2\omega} = \infty;$$

d'ailleurs comme y est infini en même temps que x, on voit que *les courbes sont des paraboles de degré n* dont la direction asymptotique est perpendiculaire à la directrice ou base. Le type est la parabole du second degré. On aura des courbes de la même famille du quatrième, du sixième, du huitième degré, en un mot de tous les degrés pairs.

L'équation de la parabole du quatrième ordre est

$$\left[\frac{9}{16} \cdot \frac{x^2}{a^2} - \frac{y}{a} + 4 \right]^2 = \frac{y}{a} \left[2 + \frac{y}{a} \right]^2.$$

§ 127.

Cercles de degré 2n.

Troisième classe caractérisée par des valeurs impaires et positives de n. Les points d'une courbe de la famille sont déterminés par les équations

$$y = a \cos^{n} \omega,$$

$$\frac{x}{a} = \sin \omega \left[\cos^{n-1} \omega + \frac{n-1}{n-2} \cos^{n-3} \omega + \cdots + \frac{2 \cdot 4 \cdots (n-3)(n-1)}{1 \cdot 3 \cdots (n-4)(n-2)} \right].$$

Remarquons tout d'abord que ces courbes algébriques sont fermées, car elles n'ont d'autres points à l'infini que les ombilics puisque

$$\lim \frac{y}{x} = \pm i,$$

lorsque $\sin \omega$ ou $\cos \omega$ tendent vers l'infini, ce qui est nécessaire pour que les coordonnées croissent indéfiniment.

L'axe des y est un axe de symétrie; aussi la courbe est-elle du degré $2n$; les degrés de ces courbes seront donc 2 (cercle), 6, 10, 14..., etc. Le cercle en est le type.

Le cercle du sixième degré a pour équation

$$(x^2 + y^2 - 4a^2)^3 + 27a^2 y^4 = 0.$$

§ 128.

Courbes transcendantes du genre chaînette.

Quatrième classe caractérisée par des valeurs impaires et négatives du paramètre n. On a (en prenant la valeur absolue de n)

$$\frac{x}{a} = \frac{n}{n-1} \sin \omega \left[\frac{1}{\cos^{n-1} \omega} + \frac{n-2}{(n-3)} \frac{1}{\cos^{n-2} \omega} + \cdots \frac{3 \cdot 5 \cdots (n-2)}{2 \cdot 4 \cdots (n-3)} \frac{1}{\cos^2 \omega} \right]$$
$$+ \frac{1 \cdot 3 \cdots (n-2)}{2 \cdot 4 \cdots (n-3)} \log \operatorname{tg} \left(\frac{\omega}{2} + \frac{\pi}{4} \right);$$

ces courbes, dont la chaînette est le type, sont toutes transcendantes.

On voit par cette énumération qu'aucun des élassoïdes admettant des courbes (O) pour géodésiques ne peut être algébrique, car tant que n est entier, à toute courbe (O) algébrique correspond une courbe (O$'$) transcendante et inversement. Lorsque n est fractionnaire, aucune des géodésiques (O) et (O$'$) n'est algébrique.

§ 129.

Longueurs des courbes satisfaisantes.

Désignons par F$'$ la distance de l'origine aux tangentes d'une courbe (O), ω, l'angle auxiliaire employé précédemment, est l'angle que fait la normale avec la base prise pour axe polaire, on a, en conservant les notations relatives aux courbes génératrices (C),

$$\frac{\text{F}'}{a} = +n \sin \omega \int p \, d\omega + \cos \omega \cdot p;$$

par conséquent

$$\frac{F''}{a} = +n \cos \omega \int \cos^n \omega \, d\omega - \sin \omega \cdot \cos^n \omega.$$

Soit en intégrant par parties

$$\frac{F}{a} = -n \cos \omega \int \cos^n \omega \, d\omega + (n+1) \int \cos^{n+1} \omega \cdot d\omega.$$

Mais d'après la formule de réduction bien connue

$$(n+1) \int \cos^{n+1} \omega \, d\omega = \sin \omega \cos^n \omega + n \int \cos^{n-1} \omega \, d\omega,$$

il vient aussi

$$\frac{F}{a} = n \int \cos^{n-1} \omega \, d\omega + \sin \omega \cos^n \omega - n \cos \omega \int \cos^n \omega \, d\omega.$$

On en déduit pour l'arc de la courbe (O)

$$S_{(O)} = F + F'' = na \int \cos^{n-1} \omega \, d\omega,$$

ce qui peut être considéré comme une vérification.

§ 130.

Lignes algébriques des élassoïdes (E_n) et de leurs conjugués (E'_n). Leurs images sphériques forment un réseau orthogonal de grands et de petits cercles.

Cherchons maintenant à déterminer sur les élassoïdes, admettant une courbe (O) pour géodésique, les lignes algébriques. Les calculs s'appliqueront immédiatement aux élassoïdes conjugués en utilisant les formules des §§ 101 et § 109.

Nous désignerons par [E_n] et [E'_n] les élassoïdes dérivés l'un d'une courbe (O), dont le paramètre est n, l'autre conjugué du précédent.

D'après le théorème sur l'association des géodésiques (O), caractérisées par les paramètres $\pm n$, il suffira de considérer deux cas :

1^0 *n positif et pair* [(O) est du genre cycloïdal]. Remplaçant ω par φ et ψ, comme dans la théorie générale, on trouve d'après (66), (67), pour les coordonnées de l'élassoïde $[\mathrm{E}_n]$

$$
\left\{
\begin{aligned}
\frac{2x}{a} &= \sum\nolimits_{\psi}^{\varphi} \sin\omega \left[\cos^{n-1}\omega + \frac{n-1}{n-2}\cos^{n-3}\omega + \cdots \frac{3\cdot5\cdots(n-3)(n-1)}{2\cdot4\cdots(n-4)(n-2)}\cos\omega\right] \\
&\quad + \frac{1\cdot3\cdots(n-3)(n-1)}{2\cdot4\cdots(n-2)n}\omega, \\
\frac{2y}{a} &= \sum\nolimits_{\psi}^{\varphi}\cos^n\omega, \\
\frac{2n-1}{n}&\cdot\frac{z}{a}\cdot i \\
&= \Delta_{\psi}^{\varphi}\sin\omega\left[\cos^{n-2}\omega + \frac{n-2}{n-3}\cos^{n-4}\omega + \cdots \frac{2\cdot4\cdots(n-4)(n-2)}{1\cdot3\cdots(n-5)(n-3)}\right],
\end{aligned}
\right.
$$

groupe où les symboles $\sum_{\psi}^{\varphi}$ et Δ_{ψ}^{φ} représentent les sommes et les différences des deux expressions obtenues en remplaçant successivement ω par φ et ψ, dans les expressions régies par ces symboles.

En ce qui concerne l'élassoïde conjugué du précédent, on trouve pour les coordonnées de l'élassoïde $[\mathrm{E}_n']$

$$
\left\{
\begin{aligned}
\frac{2x'i}{a} &= \Delta_{\psi}^{\varphi}\sin\omega\left[\cos^{n-1}\omega + \frac{n-1}{1\cdot2}\cos^{n-3}\omega + \cdots \frac{3\cdot5\cdots(n-3)(n-1)}{2\cdot4\cdots(n-4)(n-2)}\cos\omega\right] \\
&\quad + \frac{1\cdot3\cdots(n-3)(n-1)}{2\cdot4\cdots(n-2)n}\omega, \\
\frac{2y'i}{a} &= \Delta_{\psi}^{\varphi}\cos^n\omega, \\
\frac{2(n-1)}{n}&\cdot\frac{z}{a} \\
&= \sum\nolimits_{\psi}^{\varphi}\sin\omega\left[\cos^{n-2}\omega + \frac{n-2}{n-3}\cos^{n-4}\omega + \cdots \frac{2\cdot4\cdots(n-4)(n-2)}{1\cdot3\cdots(n-5)(n-3)}\right].
\end{aligned}
\right.
$$

2° *n positif et impair* [(O) est du genre circulaire], on a de même, pour les coordonnées de l'élassoïde $[\mathrm{E}_n]$

$$
\left\{
\begin{aligned}
\frac{2x}{a} &= \sum\nolimits_{\psi}^{\varphi}\sin\omega\left[\cos^{n-1}\omega + \frac{n-1}{n-2}\cos^{n-3}\omega + \cdots \frac{2\cdot4\cdots(n-3)(n-1)}{1\cdot3\cdots(n-4)(n-2)}\right], \\
\frac{2y}{a} &= \sum\nolimits_{\psi}^{\varphi}\cos^n\omega, \\
\frac{2(n-1)}{n}&\frac{z}{a}i \\
&= \Delta_{\psi}^{\varphi}\sin\omega\left[\cos^{n-2}\omega + \frac{n-2}{n-3}\cos^{n-4}\omega + \cdots \frac{3\cdot5\cdots(n-4)(n-2)}{2\cdot4\cdots(n-5)(n-3)}\cos\omega\right] \\
&\quad + \frac{1\cdot3\cdots(n-4)(n-2)}{2\cdot4\cdots(n-3)(n-1)}\omega.
\end{aligned}
\right.
$$

Pareillement, pour les coordonnées de l'élassoïde $[\mathrm{E}'_n]$

$$\left\{ \begin{aligned} &\frac{2x'}{a}i = \Delta^{\varphi}_{\psi}\sin\omega\left[\cos^{n-1}\omega + \frac{n-1}{n-2}\cos^{n-3}\omega + \cdots \frac{2\cdot 4\cdots(n-3)(n-1)}{1\cdot 3\cdots(n-4)(n-2)}\right], \\ &\frac{2y'}{a}i = \Delta^{\varphi}_{\psi}\cos^{n}\omega, \\ &\frac{2(n-1)}{n}\cdot\frac{z}{a} \\ &\qquad = \sum^{\varphi}_{\psi}\sin\omega\left[\cos^{n-2}\omega + \frac{n-2}{n-3}\cos^{n-4}\omega + \cdots \frac{3\cdot 5\cdots(n-4)(n-2)}{2\cdot 4\cdots(n-5)(n-3)}\cos\omega\right] \\ &\qquad\quad + \frac{1\cdot 3\cdots(n-4)(n-2)}{2\cdot 4\cdots(n-3)(n-1)}\omega. \end{aligned} \right.$$

Il est bien entendu que dans ces formules φ et ψ représentent des angles imaginaires conjugués

$$\varphi = \alpha + i\beta, \quad \psi = \alpha - i\beta.$$

Les formules qui précèdent montrent immédiatement par quelles associations de valeurs de φ et ψ on obtiendra des lignes algébriques des élassoïdes.

1° *n étant positif et pair* [(O) étant du genre cycloïdal] les lignes algébriques sont déterminées sur $[\mathrm{E}_n]$ par

$$\varphi + \psi = 2\alpha = \text{constante},$$

sur $[\mathrm{E}'_n]$ par

$$\varphi - \psi = 2i\beta = \text{constante};$$

inversement

2° *n étant positif et impair* [(O) étant du genre circulaire] les lignes algébriques sont déterminées sur $[\mathrm{E}_n]$ par

$$\varphi - \psi = 2i\beta = \text{constante},$$

sur $[\mathrm{E}'_n]$ par

$$\varphi + \psi = 2\alpha = \text{constante}.$$

Les images sphériques de ces courbes algébriques sont, dans tous les cas, déterminées par les équations

$$-\frac{\mathrm{X}}{\sin\alpha} = \frac{\mathrm{Y}}{\cos\alpha} = \frac{\mathrm{Z}i}{\sin i\beta} = \frac{\mathrm{R}}{\cos i\beta}.$$

Conséquemment, *elles sont tantôt de grands cercles admettant l'axe des Z pour diamètre, tantôt les petits cercles dont les plans sont perpendiculaires à l'axe des Z.*

Ainsi, lorsque n est positif et pair : sur $[E_n]$ les lignes algébriques sont les courbes de contact de cylindres dont les génératrices sont parallèles au plan de la courbe cycloïdale (O).

Il en est de même sur $[E'_n]$ lorsque n est positif et impair.

Par exemple, si $n = 2$, $[E_2]$ est l'élassoïde de M. Catalan, où s'associent la cycloïde et la parabole ; les lignes algébriques sont des paraboles dont les plans sont perpendiculaires à celui de la cycloïde et les développables circonscrites à l'élassoïde le long de ces courbes sont des cylindres.

Si $n = 1$, $[E'_1]$ est la surface de vis à filet quarré.

Lorsque n est positif et impair, les développables algébriques circonscrites à l'élassoïde $[E_n]$ ont leurs cônes directeurs circulaires. Il en est de même en ce qui concerne $[E'_n]$, lorsque n est positif et pair.

Par exemple, si $n = 1$, l'élassoïde $[E_1]$ est de révolution et les développables algébriques sont les cônes ayant leurs sommets sur l'axe de révolution.

§ 131.

$[E'_2]$ (*) a pour lignes algébriques des biquadratiques.

Si $n = 2$ l'élassoïde $[E'_2]$ a ses lignes algébriques définies par les équations

$$\left.\begin{aligned}
\frac{2xi}{a} - \beta i &= \cos 2\alpha \cdot \sin 2i\beta, \\
\frac{2yi}{a} &= -\sin 2\alpha \cdot \sin 2i\beta, \\
\frac{z}{a} &= 2\sin\alpha \cdot \cos i\beta,
\end{aligned}\right\} \quad \text{où } \beta \text{ est constante.}$$

Soit, en éliminant α

$$\frac{2xi}{a} - \beta i = \sin 2i\beta \left[1 - \frac{z^2}{2a^2 \cos^2 i\beta}\right]$$

avec

$$\left[\frac{2x}{a} - \beta\right]^2 + \frac{4y^2}{a^2} + \sin^2 2i\beta = 0,$$

on a donc des biquadratiques qui se projettent suivant des cercles ou des paraboles sur les plans des XY ou des XZ.

Nous verrons dans une autre occasion comment on peut établir avec généralité de nouvelles propriétés de ces courbes algébriques, mais il faut se limiter.

(*) Il s'agit de l'élassoïde conjugué de celui qui comporte un assemblage de paraboles et de cycloïdes.

§ 132.

Sur les lignes de courbure des élassoïdes $[E_n]$.

Examinons rapidement dans quels cas les lignes de courbure ou les asymptotiques donnent lieu à des propriétés se rapportant à l'algébricité.

Nous avons montré que l'équation caractéristique de ces lignes sur $[E_n]$ est

$$\int d\varphi \, \cos^{\frac{n+1}{2}} \varphi \pm \int d\psi \, \cos^{\frac{n-1}{2}} \psi = 0,$$

obtenue en partant de la géodésique (O_{+n}) ; on aurait, au contraire,

$$\int d\varphi' \, \cos^{\frac{-n+1}{2}} \varphi' \pm \int d\psi' \, \cos^{\frac{-n-1}{2}} \psi' = 0,$$

si l'on partait de la géodésique (O_{-n}).

On peut facilement vérifier l'identité des deux formules en partant des relations du § 119 qui lient les éléments des deux courbes transformées.

Tenant compte de la nouvelle direction des axes, on aura, par exemple,

$$\cos \varphi = \frac{1}{\cos \varphi'} \, ,$$
$$\frac{d\varphi}{d\varphi'} = i \cos \varphi.$$

Conséquemment, en substituant, on trouve

$$d\varphi \, \cos^{\frac{n-1}{2}} \varphi = i \, d\varphi' \, \cos^{\frac{-n-1}{2}} \varphi',$$

et l'identité est vérifiée.

Pour $n = 1$ l'élassoïde $[E_1]$ est l'alysséide, qui est de révolution ; on a en effet pour l'intégrale des lignes de courbure prises par rapport au cercle de gorge,

$$\varphi \pm \psi = 0,$$

équation qui caractérise le réseau sphérique des grands cercles ayant un diamètre commun et coupés par de petits cercles à plans parallèles.

Pour $n = 2$, l'élassoïde $[E_2]$ est celui de M. Catalan ; les lignes de courbure dépendent des fonctions elliptiques de seconde espèce.

§ 133.

Le réseau sphérique, image des lignes de courbure de $[\mathrm{E}_n]$*, est formé de biquadratiques ; une projection des lignes de courbure est algébrique.*

Pour $n = 3$ l'intégrale des lignes de courbure est

$$\sin \varphi \pm \sin \psi = \text{constante},$$

soit en passant aux angles réels

$$\sin \alpha \cos i\beta = m,$$
$$\cos \alpha \sin i\beta = ni,$$

où m et n sont les paramètres des lignes de courbure. Les images sphériques sont les deux familles de biquadratiques

$$\mathrm{X}^2 + \mathrm{Y}^2 + \mathrm{Z}^2 - \mathrm{R}^2 = 0 \quad \begin{cases} m(\mathrm{X}^2 + \mathrm{Y}^2) + \mathrm{RX} = 0, \\ n(\mathrm{X}^2 + \mathrm{Y}^2) - \mathrm{ZY} = 0. \end{cases}$$

on sait d'avance que le réseau formé par ces deux familles de courbes est orthogonal et isométrique, et que toutes les trajectoires des courbes d'une même famille sont algébriques.

Les lignes de courbure de $[\mathrm{E}_3]$ se projettent sur le plan du cercle $[\mathrm{O}_3]$, du degré 6 (voir § 126), suivant des courbes algébriques. Il est remarquable que les asymptotiques de l'élassoïde $[\mathrm{E}_3']$ transformées des lignes de courbure de $[\mathrm{E}_3]$ ont aussi leurs projections algébriques sur le plan de (O_3). Pour $n = 1$ on a un résultat semblable avec cette particularité, qui ne se retrouve plus ici, que les deux projections coïncident avec des droites et des cercles orthogonaux.

Il est facile de voir que si l'on a

$$n = 4\alpha + 3,$$

α étant un nombre entier quelconque, les images sphériques et les projections des lignes de courbure des élassoïdes (E_n) et $[\mathrm{E}_n']$ seront algébriques. Il faudra, bien entendu, ne considérer que les projections des lignes de courbure effectuées sur les plans des cercles (O) de degré $2n$.

§ 134.

Au sujet des courbes (O) *quand* n *est fractionnaire.*

Dans tout ce qui précède, il n'a été question que des séries dérivées de $n = 1$, séries qui comprennent tous les élassoïdes caractérisés par des valeurs entières de n. On pourrait également considérer le cas beaucoup plus étendu où n est fractionnaire.

Les élassoïdes $[E_n]$ correspondants possèdent toujours deux géodésiques $(O_{\pm}n)$. Ces courbes elles-mêmes font partie de deux séries de courbes, podaires les unes des autres, correspondant à toutes les valeurs du paramètre augmentées ou diminuées de nombres entiers. Ces deux séries seront toujours distinctes hormis dans le cas où $n = \pm\frac{1}{2}$. Dans ce cas la courbe $(O_{-\frac{1}{2}})$ est une hyperbole équilatère, $(O_{\frac{1}{2}})$ est la lemniscate de Bernoulli, podaire de l'hyperbole par rapport au centre. Tous les élassoïdes qu'on déduirait de ces courbes sont transcendants, aussi bien ceux qui admettent les courbes (O) pour géodésiques que les élassoïdes $[E_n]$.

Nous aurions pu préciser davantage certaines propriétés des courbes algébriques, mais il sera plus commode d'en déduire des propriétés générales nouvelles ayant trait à la dérivation des congruences isotropes d'un plan donné, propriétés qui feront l'objet du chapitre suivant.

CHAPITRE XV.

NOUVELLES PROPRIÉTÉS DES CONGRUENCES ISOTROPES DÉRIVÉES

D'UN PLAN DONNÉ.

———

Conservant les notations et les définitions du chapitre XII :

$$-x \sin \varphi + y \cos \varphi - F' = 0,$$
$$-x \sin \psi + y \cos \psi - f' = 0$$

seront les équations des normales Aa et Bb aux courbes (A) et (B) traces de deux développables isotropes, focales d'une congruence isotrope. Soit N le point commun aux normales en A et B à (A) et (B) ; et ω le milieu du segment ab.

§ 135.

Au sujet des courbes orthogonales (λ) et (μ).

Posant

$$\frac{\psi - \varphi}{2} = \alpha, \quad \frac{\psi + \varphi}{2} = \beta,$$

on trouve que

$$NA = P = \frac{F' \cos 2\alpha - f'}{\sin 2\alpha} - F,$$
$$NB = p = \frac{F' - f' \cos 2\alpha}{\sin 2\alpha} - f.$$

On en déduit

$$\lambda = P + p = (F' - f') \cot \alpha - (F + f),$$
$$\mu = P - p = -(F' + f') \operatorname{tg} \alpha - (F - f),$$

λ et μ désignant les paramètres des courbes orthogonales, lieux du point N, les unes analogues à des ellipses homofocales [ce sont les courbes (μ)], les autres analogues à des hyperboles homofocales [ce sont les courbes (λ)] (*).

(*) Soit en effet (AB) une développante d'ellipse (E) ; si M décrit une ellipse homofocale à (E), on sait que

$$Ma + Mb = \operatorname{arc} ab + \text{constante.}$$

Rappelons que, l'équation du plan tangent à l'élassoïde moyen est

$$-2\mathrm{X}\sin\beta + 2\mathrm{Y}\cos\beta + \sin\alpha[-2\mathrm{Z}i - (\mathrm{F}' + f')\cot\alpha + \mathrm{F} - f] = 0$$

et que celle du plan tangent à l'élassoïde conjugué peut s'écrire

$$-2\mathrm{X}'\sin\beta + 2\mathrm{Y}'\cos\beta + i\sin\alpha[-2\mathrm{Z}' + (\mathrm{F} + f) - (\mathrm{F}' - f')\cot\alpha] = 0.$$

On voit donc que Z'_O désignant l'ordonnée à l'origine du plan tangent à l'élassoïde conjugué

$$2\mathrm{Z}'_\mathrm{O} + \lambda = 0.$$

Il en résulte que *si l'on fait décrire au point* N *une courbe* (λ), *la courbe suivie sur l'élassoïde conjugué est la courbe de contact de l'élassoïde et d'un cône.*

Tous les cônes correspondant aux diverses valeurs du paramètre λ *ont leurs sommets sur une perpendiculaire au plan auxiliaire d'où l'on fait dériver les élassoïdes.*

§ 136.

Aux courbes (λ) *correspondent, comme développables circonscrites à l'élassoïde moyen, des polaires de courbes gauches.*

D'après la théorie des contours conjugués, *si l'on suit une courbe* (λ), *les plans tangents à l'élassoïde moyen sont les plans normaux d'une certaine courbe gauche qui est la ligne d'intersection des deux développables isotropes supposées relevées et abaissées de quantités égales et imaginaires, au-dessus ou au-dessous du plan auxiliaire. La courbe de contact des plans tangents et de l'élassoïde moyen est le lieu des centres de courbure de la courbe gauche indiquée.*

Ceci fait entrevoir la possibilité d'obtenir sur le plan, non-seulement une représentation conforme des élassoïdes moyen et conjugué, mais encore une image des surfaces et des courbes gauches qui jouent un rôle dans leur étude.

Conséquemment :

$$\mathrm{M}a + \mathrm{M}b = b\mathrm{B} - a\mathrm{A} + \text{constante},$$

et, en définitive

$$\mathrm{MA} - \mathrm{MB} = \text{constante}.$$

§ 137.

Les courbes gauches en question ont pour lieux des centres de courbure les lignes de plus grande pente d'une certaine surface.

Cherchons tout d'abord la courbe gauche dont le lieu des centres de courbure se projette suivant le lieu de ω, lorsque N décrit la courbe λ. On sait que si P désigne le point de cette courbe, S étant le sommet du cône circonscrit à l'élassoïde conjugué, les segments PO et SO$'$ sont égaux, situés dans les plans tangents aux deux élassoïdes, et rectangulaires.

Transportons l'origine des coordonnées au point N et prenons pour axe des x la bissectrice de l'angle ANB, de façon à annuler β. Les coordonnées du point de l'élassoïde moyen deviennent

$$X_O + \frac{F'' + f''}{2}\cos\alpha = 0,$$

$$Y_O - \frac{F'' - f''}{2}\sin\alpha = 0,$$

$$Z_O = -i\frac{(F + F'') - (f + f'')}{2}.$$

L'équation du plan moyen est

$$Y + \sin\alpha\left(-Zi + \frac{F - f}{2}\right) = 0.$$

Les coordonnées du point de l'élassoïde conjugué sont

$$\frac{X_{O'}}{i} + \frac{F'' - f''}{2}\cos\alpha = 0,$$

$$\frac{Y_{O'}}{i} - \frac{F'' + f''}{2}\sin\alpha = 0,$$

$$Z_{O'} = \frac{F + F'' + f + f''}{2}.$$

L'équation du plan tangent à l'élassoïde conjugué est

$$Y + i\sin\alpha\left[-Z + \frac{F + f}{2}\right] = 0.$$

Le sommet du cône S étant le point où ce plan moyen est percé par l'axe des Z, le Z de S est

$$Z_S = \frac{F + f}{2}.$$

Conséquemment

$$\frac{X_{O'}}{-i\cos\alpha\dfrac{(F''-f'')}{2}} = \frac{Y_{O'}}{i\sin\alpha\dfrac{(F''+f'')}{2}} = \frac{Z_{O'}-Z_S}{\dfrac{F''+f''}{2}} = 1 = \frac{\pm SO'}{\cos\alpha\sqrt{F''f''}}.$$

La droite OP perpendiculaire à SO$'$ et située dans le plan moyen est parallèle à l'intersection du plan moyen et de

$$-Xi\cos\alpha(F''-f'') + Yi\sin\alpha(F''+f'') + Z(F''+f'') = 0;$$

elle est donc parallèle à la droite définie par les équations

$$\frac{X}{-i\cos\alpha\dfrac{(F''+f'')}{2}} = \frac{Y}{i\sin\alpha\dfrac{(F''-f'')}{2}} = \frac{Z}{\dfrac{(F''-f'')}{2}} = \frac{\pm\sqrt{X^2+Y^2+Z^2}}{i\cos\alpha\sqrt{F''\cdot f''}}.$$

Dès lors les coordonnées du point P sont

$$X_P = X_O \mp \cos\alpha\frac{(F''+f'')}{2},$$
$$Y_P = Y_O \pm \sin\alpha\frac{(F''-f'')}{2},$$
$$Z_P = Z_O \mp i\frac{(F''-f'')}{2}.$$

Il n'y a manifestement qu'une combinaison de signes qui soit satisfaisante, c'est celle qui réduit la valeur de Z_P. On en conclut

$$X_P = Y_P = 0,$$
$$Z_P = -i\frac{(F-f)}{2} = i\frac{\mu}{2}.$$

D'ailleurs, cet important résultat se vérifiera en étudiant les variations des paramètres λ et μ.

Revenons maintenant aux axes primitifs, différentiant les valeurs de λ et μ, il vient

$$-d\lambda = d\beta[F'+f'-(F''-f'')\cot\alpha] + d\alpha\cot\alpha[F''+f''+(F'-f')\cot\alpha],$$
$$-d\mu = d\beta[F'-f'+(F''+f'')\operatorname{tg}\alpha] + d\alpha\cdot\operatorname{tg}\alpha[-(F''-f'')+(F'+f')\operatorname{tg}\alpha].$$

Cherchons les équations des projections, sur le plan auxiliaire, des caractéristiques du plan moyen et de son conjugué, nous trouvons

$$\Delta\alpha\cdot\cot\alpha[(F''-f'')\sin\alpha + (F'+f')\cos\alpha + 2X\sin\beta - 2Y\cos\beta]$$
$$+\Delta\beta\cdot[(F'-f')\sin\alpha - (F''+f'')\cos\alpha - 2X\cos\beta - 2Y\sin\beta] = 0,$$

pour la caractéristique du plan moyen projetée, et

$$\Delta\alpha \cdot \cot\alpha \cdot i[(\mathrm{F}'' + f'')\sin\alpha + (\mathrm{F}' - f')\cos\alpha + 2\mathrm{X}'\sin\beta - 2\mathrm{Y}'\cos\beta]$$
$$+\Delta\beta[i(\mathrm{F}' + f')\sin\alpha - i(\mathrm{F}'' - f'')\cos\alpha - 2\mathrm{X}'\cos\beta - 2\mathrm{Y}'\sin\beta] = 0,$$

pour la caractéristique projetée du plan conjugué.

Commençons par vérifier la propriété de la surface, lieu du point P, qui se projette en N, et dont le $\mathrm{Z_P}$ est égal à $\frac{i\mu}{2}$. A cet effet, nous chercherons les Δx, Δy, Δz du point P, d'une façon générale, puis en supposant que les axes sont particularisés ; c'est-à-dire en annulant F', f' et $\sin\beta$. On a manifestement

$$-\Delta x \sin\varphi + \Delta y \cos\varphi - (x\cos\varphi + y\sin\varphi + \mathrm{F}'')\, d\varphi = 0,$$
$$-\Delta x \sin\psi + \Delta y \cos\psi - (x\cos\psi + y\sin\psi + f'')\, d\psi = 0,$$

d'où l'on déduit, en particularisant comme il a été dit :

$$2\Delta x = \frac{d\beta(\mathrm{F}'' - f'') - d\alpha(\mathrm{F}'' + f'')}{\sin\alpha},$$
$$2\Delta y = \frac{d\beta(\mathrm{F}'' + f'') - d\alpha(\mathrm{F}'' - f'')}{\cos\alpha},$$

et puisque, par hypothèse

$$2\mathrm{Z_P}i = -\mu,$$
$$2\Delta\mathrm{Z}i = -d\mu = \operatorname{tg}\alpha[d\beta(\mathrm{F}'' + f'') - d\alpha(\mathrm{F}'' - f'')];$$

mais on a dans l'espèce

$$-d\lambda = -[d\beta(\mathrm{F}'' - f'') - d\alpha(\mathrm{F}'' + f'')]\cot\alpha.$$

Il en résulte que si λ reste constant, Δx s'annule et que

$$\frac{\Delta z \cdot i}{\Delta y} = \sin\alpha$$

Ainsi se trouve démontrée, sans ambiguïté de signe, la propriété trouvée plus haut et qu'on peut énoncer ainsi :

Les courbes (P) *dont les plans normaux touchent l'élassoïde moyen, caractérisées par les diverses valeurs du paramètre* λ, *sont, par rapport au plan auxiliaire, les lignes de plus grande pente d'une surface dont les lignes de niveau se projettent sur le plan auxiliaire suivant les courbes* (μ).

§ 138.

Nouvelle dérivation des élassoïdes du plan.

Cette proposition conduit à une définition géométrique nouvelle de l'élassoïde considéré comme l'enveloppée des plans normaux aux lignes de plus grande pente d'une certaine surface. La définition de celle-ci est fort simple, puisque les courbes (λ) et (μ) constituent dans le plan auxiliaire un réseau orthogonal tel que l'élément linéaire soit exprimé par la relation

$$4d\mathrm{S}^2 = \frac{d\lambda^2}{\cos^2 \alpha} + \frac{d\mu^2}{\sin^2 \alpha}.$$

Toutes les fois qu'on aura obtenu, dans le plan, un réseau orthogonal satisfaisant, il suffira d'élever en chacun des points du plan une perpendiculaire et d'y porter un segment égal à $\frac{i\mu}{2}$ ou $\frac{i\lambda}{2}$, les lieux des extrémités donneront des surfaces (P), dont l'une sera réelle et l'autre imaginaire toutes les fois que l'angle α sera imaginaire [les courbes (λ) et (μ) étant réelles] (*).

Il est manifeste que les surfaces (P) ainsi trouvées sont d'un genre particulier caractérisé par la nature du réseau $(\lambda)(\mu)$ plan. Elles sont ainsi suffisamment définies.

§ 139.

Sur les développables circonscrites aux élassoïdes correspondant aux courbes (λ) et (μ).

Considérons maintenant les équations des projections des caractéristiques, en les rapportant aux axes particularisés.

En ce qui concerne l'élassoïde moyen, l'équation est

$$2\mathrm{X}\,d\beta \cdot \operatorname{tg} \alpha + 2\mathrm{Y}\,d\alpha = \cos \alpha \cdot d\mu.$$

En ce qui concerne l'élassoïde conjugué, on trouve

$$2\mathrm{X}'\,d\beta + 2 \cdot \mathrm{Y}'i \cot \alpha = -i \sin \alpha \cdot d\lambda.$$

Si donc l'on suit une courbe (μ), la projection de la caractéristique passe par le point N, *en ce qui concerne l'élassoïde moyen.*

Si l'on suit une courbe (λ) la projection de la caractéristique du plan tangent à l'élassoïde conjugué passe par l'origine. Cette dernière remarque est d'ailleurs une conséquence de ce fait que la développable, enveloppe des plans conjugués, est un cône.

(*) Elles seront toujours imaginaires si l'angle α est réel.

Mais si l'on observe que les caractéristiques des plans moyens et conjugués sont toujours parallèles quand elles sont correspondantes, on peut énoncer deux élégantes propriétés des développables, enveloppes des plans moyen et conjugué, obtenues en suivant les lignes (λ) et (μ).

Lorsqu'on suit dans le plan auxiliaire une courbe (λ) [du genre hyperbole] les génératrices de la développable, enveloppe du plan moyen, se projettent sur le plan suivant les droites ab, dont l'enveloppe est, par conséquent, la projection de l'arête de rebroussement de la développable considérée.

Lorsqu'on suit dans le plan auxiliaire une courbe (μ) [du genre ellipse] les droites, telles que $N\omega$, représentent les projections, sur le plan auxiliaire, des génératrices de la développable, enveloppe des plans moyens.

§ 140.

Élassoïde admettant pour géodésique une conique et élassoïde conjugué.

L'application la plus simple de ces propriétés générales est celle que l'on peut faire en prenant pour courbes (λ) et (μ) des coniques homofocales.

Dans ce cas, les surfaces (P) ont pour lignes de niveau des ellipses qui se projettent sur le plan auxiliaire suivant un réseau homofocal. Les lignes de plus grande pente sont transcendantes, mais elles se projettent suivant des hyperboles homofocales ; de plus leurs surfaces polaires ont pour conjuguées des cônes dont les sommets sont en ligne droite. Les lignes, lieux des centres de courbure des lignes de plus grande pente, appartiennent à l'élassoïde moyen.

D'un autre côté, les lignes ab étant les polaires des points N, par rapport à l'ellipse (a, b), les surfaces polaires des lignes de plus grande pente ont des arêtes de rebroussement qui se projettent sur le plan auxiliaire suivant des coniques polaires réciproques des hyperboles (λ) par rapport à l'ellipse (a, b) [ellipse qui est une géodésique de l'élassoïde moyen].

§ 141.

Cônes du second degré circonscrits à l'élassoïde.

Enfin, les droites, telles que $N\omega$, passent par le centre de l'ellipse ; conséquemment, les développables circonscrites à l'élassoïde moyen sont des cônes ayant leurs sommets sur la perpendiculaire au plan auxiliaire, élevée au centre des coniques homofocales. On a vu que ces développables contiennent individuellement les courbes (μ). Les cônes considérés sont donc du second degré.

Il est bien facile de compléter cette étude particulière en montrant que les cônes, correspondant aux hyperboles (λ) et circonscrits à l'élassoïde conjugué, ou correspondant aux ellipses (λ) et circonscrits à l'élassoïde moyen, sont les cônes supplémentaires de cônes homofocaux [pourvu qu'on les transporte convenablement].

§ 142.

Les lignes algébriques des deux élassoïdes ont pour image sphérique un réseau de coniques homofocales.

Si l'on considère en effet les plans isotropes passant par les droites Aa, Bb, ils se couperont suivant quatre droites, génératrices des quadriques homofocales ayant pour traces, sur le plan auxiliaire, les diverses coniques homofocales (λ) et (μ). On sait que les cônes asymptotes de ces quadriques sont homofocaux. Mais l'une des génératrices passant en N occupe, par rapport à l'angle aNb, la même position que la droite de la congruence isotrope originelle, par rapport à l'angle supplémentaire de ANB ; donc, si l'on fait tourner de 90°, autour de la verticale, la génératrice de la congruence, on aura une parallèle à la génératrice de l'hyperboloïde passant en N et ayant pour trace (μ). Conséquemment les traces sphériques des cônes asymptotes, tournées de 90° autour de la verticale, constitueront l'image sphérique complète des courbes algébriques des élassoïdes moyen et conjugué. On peut donc dire que ces lignes ont pour image sphérique une famille de coniques sphériques homofocales.

La plupart de ces propriétés ont été énoncées par M. Schwartz, en ce qui concerne l'élassoïde admettant pour géodésique une conique [*Journal de Borchardt*, page 293, année 1874].

§ 143.

Le réseau $(\mu\lambda)$ est le seul du plan qui corresponde à un réseau orthogonal de l'élassoïde.

Dans le cas général, les courbes correspondant, sur les deux élassoïdes, aux lignes (μ) et (λ) sont rectangulaires ; les calculs du § 137 montrent en effet que leurs conjuguées sont orthogonales, ce qui équivaut à la proposition ; mais cette propriété peut s'établir directement comme il suit.

Calculons, sur la sphère, le carré de l'élément linéaire rapporté au réseau des images sphériques des lignes correspondant aux (μ) et (λ). On sait que, d'une façon générale, on a sur la sphère de rayon unité (§ 109)

$$d\mathrm{S}^2 = \frac{d\varphi \cdot d\psi}{\cos^2 \alpha},$$

ou encore

$$d\mathrm{S}^2 = \frac{d\beta^2 - d\alpha^2}{\cos^2 \alpha}.$$

Mais on déduit des valeurs de $d\lambda$ et $d\mu$ particularisées

$$-4F''f'' \cdot d\beta = \frac{d\mu}{\operatorname{tg}\alpha}(F'' + f'') + \frac{d\lambda}{\cot\alpha}(F'' - f''),$$

$$-4F''f'' \cdot d\alpha = \frac{d\mu}{\operatorname{tg}\alpha}(F'' - f'') + \frac{d\lambda}{\cot\alpha}(F'' + f'').$$

On en conclut

$$dS^2 = \frac{d\mu^2 \cot^2\alpha - d\lambda^2 \operatorname{tg}^2\alpha}{4F'' \cdot f'' \cdot \cos^2\alpha}.$$

Ce qui montre bien que l'image sphérique est formée de courbes orthogonales. Comme, sur les élassoïdes et sur la sphère image, les angles se conservent dans la correspondance :

Le réseau orthogonal plan (λ, μ) *correspond, sur les deux élassoïdes, à un réseau orthogonal.* Il est même clair qu'il n'y a pas d'autres réseaux orthogonaux se correspondant sur le plan et sur les élassoïdes.

Nous venons de voir que, dans le cas où le réseau (λ, μ) est formé de coniques homofocales, le réseau sphérique correspondant est formé également de coniques sphériques homofocales, constituant un réseau isométrique. On sait, d'après un théorème de M. Ossian Bonnet, que les courbes correspondantes des élassoïdes sont aussi isométriques.

§ 144.

Si le réseau $(\lambda\mu)$ *de l'élassoïde est isométrique, son correspondant du plan est formé de coniques homofocales.*

Il est intéressant de chercher dans quel cas cette propriété subsistera, à raison du caractère du réseau (λ, μ).

Il faut que le logarithme du quotient des coefficients du carré de l'élément linéaire soit la somme de deux fonctions, l'une de λ, l'autre de μ. Ce qui conduit à la condition

$$2\frac{d^2}{du\,dv} \cdot \log \operatorname{tg}\alpha = 0.$$

D'ailleurs on trouve la même condition en exprimant que le réseau plan $(\lambda\mu)$ lui-même est isométrique. Mais nous avons montré d'après M. Liouville que le réseau (λ, μ) ne peut être dans ce cas composé que de coniques homofocales ; conséquemment les élassoïdes admettant une conique pour géodésique jouissent d'un caractère distinctif tout particulier, qui permet d'énoncer la proposition suivante :

Que, de tous les points d'une droite, comme sommets on circonscrive des cônes à un élassoïde ; que l'on trace sur celui-ci les trajectoires orthogonales des courbes de contact; si le réseau orthogonal ainsi obtenu est isométrique, l'élassoïde est conjugué de celui qui admet une conique pour géodésique.

C'est le moment de faire une remarque sur l'expression du carré de l'élément linéaire d'un élassoïde.

(a) et (b) désignant les projections planes des arêtes de rebroussement des développables génératrices, on a d'après (68) l'expression

$$dS^2 = d(a) \cdot d(b) \cos^2 \frac{V}{2},$$

où $d(a)$ et $d(b)$ désignent les longueurs des éléments correspondants et V l'angle des tangentes aux courbes (a) et (b). Il en résulte que si les courbes (a) et (b) sont algébriques, l'élassoïde moyen correspondant aura son élément linéaire exprimé par une formule algébrique.

§ 145.

dS^2 de l'élassoïde sur lequel le réseau (λ, μ) est isométrique.

A titre d'exemple, prenons pour courbes (μ) et (λ) un réseau de coniques homofocales, et cherchons l'expression de l'élément linéaire de l'élassoïde admettant l'une d'entre elles pour géodésique.

L'élément linéaire du plan, rapporté aux coniques dont l'équation est de la forme

$$\frac{x^2}{a^2 - \lambda} + \frac{y^2}{b^2 - \lambda} = 1,$$

peut s'écrire

$$4 \cdot dS^2 = (\mu - \lambda) \left[\frac{d\lambda^2}{(a^2 - \lambda)(b^2 - \lambda)} - \frac{d\mu^2}{(a^2 - \mu)(b^2 - \mu)} \right].$$

La condition (56) est vérifiée et l'équation (57) donne pour les traces d'une congruence isotrope la relation bien connue

$$\mu \cos^2 i + \lambda \sin^2 i = k,$$

qui donne les directions des deux tangentes à l'une des coniques du réseau définie par le paramètre k, tangentes issues du point (λ, μ). Soient (a) et (b) les deux branches de la conique enveloppe. Pour calculer l'élément linéaire de l'élassoïde l'admettant pour géodésique, il faut obtenir l'expression

$$dS^2 = R_a \, d\varphi \cdot R_b \, d\psi \cos^2 i,$$

R_a et R_b désignant les rayons de courbure en (a) et (b), $d\varphi$ et $d\psi$ les angles de contingence, en ces points, de la conique enveloppe. On a

$$\Delta i = \frac{1}{2}\sqrt{\frac{-1}{(k-\mu)(k-\lambda)}}\left[\frac{d\mu\,(k-\lambda)-d\lambda\,(k-\mu)}{\mu-\lambda}\right].$$

Prenant pour réseau de référence celui des coniques (λ,μ) on a les formules générales, analogues à (2)

$$\mathrm{X}' = \mathrm{X} - \frac{d\lambda}{2}\sqrt{\frac{\mu-\lambda}{(a^2-\lambda)(b^2-\lambda)}}$$
$$-\frac{\mathrm{Y}}{2}\frac{\sqrt{-1}}{\mu-\lambda}\sqrt{(a^2-\lambda)(b^2-\lambda)(a^2-\mu)(b^2-\mu)}\left[\frac{d\mu}{(a^2-\mu)(b^2-\mu)}-\frac{d\lambda}{(a^2-\lambda)(b^2-\lambda)}\right],$$

$$\mathrm{Y}' = \mathrm{Y} - \frac{d\mu}{2}\sqrt{\frac{\lambda-\mu}{(a^2-\mu)(b^2-\mu)}}$$
$$+\frac{\mathrm{X}}{2}\frac{\sqrt{-1}}{\mu-\lambda}\sqrt{(a^2-\lambda)(b^2-\lambda)(a^2-\mu)(b^2-\mu)}\left[\frac{d\mu}{(a^2-\mu)(b^2-\mu)}-\frac{d\lambda}{(a^2-\lambda)(b^2-\lambda)}\right].$$

L'équation instantanée de la tangente à l'ellipse fixe est

$$\mathrm{Y}\cos i \mp \mathrm{X}\sin i = 0,$$

son point de contact avec la conique est le même quels que soient $d\mu$ et $d\lambda$; il est déterminé par l'équation de la normale instantanée

$$-\mathrm{Y}\sin i \mp \mathrm{X}\cos i \pm \frac{\mu-\lambda}{\mathrm{L}\mp\mathrm{M}} = 0,$$

où L et M désignent les fonctions de λ et μ seules que voici

$$\mathrm{L} = \sqrt{\frac{(a^2-\lambda)(b^2-\lambda)}{k-\lambda}}, \qquad \mathrm{M} = \sqrt{\frac{(a^2-\mu)(b^2-\mu)}{k-\mu}}.$$

En posant

$$\mathrm{P} = \frac{\mu-\lambda}{\mathrm{L}\mp\mathrm{M}},$$

on trouve [par les procédés habituels de périmorphie, en observant que le résultat est indépendant de $d\mu$ et $d\lambda$] pour l'équation déterminant le centre de courbure

$$\left(\frac{2\,d\mathrm{P}}{d\lambda}+\frac{1}{\mathrm{L}}\right)\sqrt{\frac{(a^2-\lambda)(b^2-\lambda)}{k-\mu}} = \frac{\sqrt{-1}}{\mu-\lambda}(\mathrm{Y}\cos i \mp \mathrm{X}\sin i)(\mathrm{M}\mp\mathrm{L});$$

après différentes réductions on obtient l'équation indépendante des variations particulières

$$\frac{(a^2 - k)(b^2 - k)}{(k - \mu)(k - \lambda)} = \pm\sqrt{-1}\,\frac{\sqrt{(k - \mu)(k - \lambda)}}{(\mu - \lambda)^3}(Y\cos i \mp X\sin i)(L^2 - M^2)(L \mp M).$$

Cette équation donne immédiatement

$$R_a \cdot R_b = \mp\frac{(a^2 - k)^2(b^2 - k)^2(\mu - \lambda)^6}{(k - \mu)^3(k - \lambda)^3(L^2 - M^2)^3}.$$

Il s'agit maintenant de calculer les angles de contingence. Δx, Δy étant relatifs au point $(\lambda\mu)$ on a manifestement

$$P\,d\varphi = \Delta Y\cos i \mp \Delta X\sin i;$$

conséquemment

$$d\varphi \cdot d\psi = \frac{\overline{\Delta Y}^2\cos^2 i - \overline{\Delta X}^2\sin^2 i}{P \cdot P'}.$$

Si P' désigne la seconde valeur de P lorsqu'on change le signe, on trouve ainsi

$$d\varphi \cdot d\psi = \frac{L^2 - M^2}{(\mu - \lambda)^2}\,\frac{(k - \lambda)(k - \mu)}{4}$$
$$\times\left[\frac{d\mu^2}{(a^2 - \mu)(b^2 - \mu)(k - \mu)} - \frac{d\lambda^2}{(a^2 - \lambda)(b^2 - \lambda)(k - \lambda)}\right].$$

On en déduit immédiatement

$$dS^2 = \frac{(a^2 - k)^2(b^2 - k)^2(\mu - \lambda)^3}{4(k - \mu)^2(k - \lambda)^2(L^2 - M^2)^2}$$
$$\times\left[\frac{d\mu^2}{(a^2 - \mu)(b^2 - \mu)(k - \mu)} - \frac{d\lambda^2}{(a^2 - \lambda)(b^2 - \lambda)(k - \lambda)}\right],$$

car $\cos^2\frac{V}{2}$ est égal à $\cos^2 i$.

Si enfin l'on observe que

$$L^2 - M^2 = (\mu - \lambda)\left[1 - \frac{(k - a^2)(k - b^2)}{(k - \lambda)(k - \mu)}\right],$$

on obtient en somme

$$dS^2 = \frac{1}{4}\cdot\frac{(a^2 - k)^2(b^2 - k)^2(\mu - \lambda)(k - \lambda)}{\left[(k - \lambda)(k - \mu) - (k - a^2)(k - b^2)\right]^2}$$
$$\times\left[\frac{d\mu^2}{(a^2 - \mu)(b^2 - \mu)(k - \mu)} - \frac{d\lambda^2}{(a^2 - \lambda)(b^2 - \lambda)(k - \lambda)}\right].$$

Quant à l'image sphérique, l'expression du carré de l'élément linéaire est, d'après la théorie générale,

$$dS'^2 = \frac{R^2}{4}\left[(k-\mu) - \frac{(k-a^2)(k-b^2)}{(k-\lambda)}\right] \times \left[\frac{d\mu^2}{(a^2-\mu)(b^2-\mu)(k-\mu)} - \frac{d\lambda^2}{(a^2-\lambda)(b^2-\lambda)(k-\lambda)}\right].$$

Les deux réseaux sont bien isométriques, et, le réseau sphérique, comme le réseau plan, est de la forme signalée par M. Liouville, forme qui permet l'intégration des lignes géodésiques ; il devait en être ainsi, puisque le réseau est composé de coniques sphériques homofocales.

CHAPITRE XVI.

AU SUJET DES LIGNES DE NIVEAU DES ÉLASSOÏDES.

———

§ 146.

*Conditions pour qu'un réseau orthogonal tracé sur un élassoïde soit formé de lignes
de niveau et de lignes de plus grande pente.*

Nous avons déjà montré que tous les *élassoïdes groupés* provenant de la déformation d'un même élassoïde ont leurs lignes de courbure correspondant sur l'élassoïde originel aux trajectoires sous un angle constant des lignes de courbure de cette surface.

Une propriété toute semblable a lieu pour les lignes de niveau ; c'est ce que nous allons établir.

Considérons, en général, une surface de référence (O) prise arbitrairement ; prenons pour réseau (u, v) celui des sections planes toutes parallèles à un plan (P) donné, ainsi que leurs trajectoires orthogonales. i désignant l'angle qu'en chaque point de (O) fait la normale à la surface avec la perpendiculaire au plan (P), on trouve facilement par nos procédés habituels, pour déterminer les éléments du réseau (u, v)

$$P = -\frac{di}{du},$$
$$Q = -\frac{dg}{f\,du}\,\mathrm{tg}\,i,$$
$$D = -\frac{df}{fg\,dv}\,\mathrm{tg}\,i,$$

équations auxquelles il faut ajouter les conditions

$$\frac{df}{f\,dv} + \frac{di}{dv}\cdot\cot i = 0,$$

$$\frac{di}{du}\cdot\frac{dg}{f\,du}\,\mathrm{tg}\,i - \frac{1}{fg}\left(\frac{df}{dv}\right)^2\mathrm{tg}^2\,i + \frac{d}{dv}\left(\frac{df}{g\,dv}\right) + \frac{d}{du}\left(\frac{dg}{f\,du}\right) = 0.$$

Si la surface est élassoïde, on a à la fois

$$\frac{df}{f\,dv} + \frac{di}{dv}\cot i = 0, \quad \frac{dg}{g\,du} + \frac{di}{du}\cot i = 0;$$

on peut donc poser

$$f = g = \frac{1}{\sin i}.$$

Dès lors la seule équation non résolue devient

$$\left(\frac{di}{du}\right)^2 + \left(\frac{di}{dv}\right)^2 = \frac{d^2}{du^2}\log\frac{1}{\sin i} + \frac{d^2}{dv^2}\log\frac{1}{\sin i}.$$

Soit, en passant aux coordonnées symétriques imaginaires

$$\frac{di}{dx}\,\frac{di}{dy} + \frac{d^2\log\sin i}{dx\,dy} = 0,$$

et par conséquent

$$\operatorname{tg}\frac{i}{2} = \mathrm{X} + \mathrm{Y}.$$

§ 147.

Les trajectoires sous un angle constant des lignes de niveau d'un élassoïde correspondent aux lignes de niveau des élassoïdes groupés.

On voit que l'on peut poser indifféremment

$$\left.\begin{array}{l} \mathrm{P} = -\dfrac{di}{du}, \\[2mm] \mathrm{Q} = +\dfrac{di}{du}, \\[2mm] \mathrm{D} = \sin i\,\dfrac{di}{dv}, \end{array}\right\} \quad \text{ou} \quad \left\{\begin{array}{l} \mathrm{P} = \dfrac{di}{dv}, \\[2mm] \mathrm{Q} = -\dfrac{di}{dv}, \\[2mm] \mathrm{D} = \sin i\,\dfrac{di}{du}, \end{array}\right.$$

sans que l'équation canonique soit modifiée et sans que la surface cesse d'être élassoïde, mais ces valeurs sont comprises dans les formules générales

$$\mathrm{P} = -\cos\varphi\,\frac{di}{du} + \sin\varphi\,\frac{di}{dv},$$

$$\mathrm{Q} = \cos\varphi\,\frac{di}{du} - \sin\varphi\,\frac{di}{dv},$$

$$\mathrm{D} = \sin i\left(\frac{di}{dv}\cos\varphi + \frac{di}{du}\sin\varphi\right),$$

où l'angle φ est considéré comme une constante. On vérifie facilement que ces valeurs correspondent bien à des solutions des équations de Codazzi ; conséquemment elles représentent des valeurs de P, Q, D correspondant à une forme particulière de la surface, et, comme dans chaque cas la somme $P + Q$ est nulle, chacune des surfaces déformées (puisque le réseau u, v est isométrique) reste élassoïde.

Il est facile de voir que les élassoïdes correspondant aux valeurs 0 et $\frac{\pi}{2}$ de l'angle φ sont conjugués. Tous les autres appartiennent naturellement à la famille des *élassoïdes groupés* dérivés de la surface de référence.

§ 148.

Nouvelle forme du λ d'un réseau isométrique sphérique.

On trouve, d'une façon générale, que l'image sphérique a pour élément linéaire

$$dS^2 = du^2\,(P^2 + f^2 D^2) + dv^2\,(Q^2 + g^2 D^2);$$

dans l'espèce on a

$$dS^2 = \left[\left(\frac{di}{du}\right)^2 + \left(\frac{di}{dv}\right)^2 \right] (du^2 + dv^2),$$

soit en passant aux coordonnées symétriques imaginaires

$$dS^2 = 4 \cdot \frac{di}{dx} \cdot \frac{di}{dy}\, dx\, dy.$$

Désignant par λ le coefficient des du, dv sur la sphère, on trouve

$$\lambda = \frac{1}{4}\, \frac{\sqrt{X'}\,\sqrt{Y'}}{1 + (X + Y)^2},$$

ce qui constitue une forme digne d'intérêt.

§ 149.

Sur un théorème général.

Plus généralement : toutes les fois qu'on peut déformer une surface, de telle façon que *deux* familles de courbes orthogonales deviennent successivement des lignes de niveau de surfaces transformées, les trajectoires sous un même angle constant, de ces deux séries de courbes, peuvent, par une déformation convenable de la surface, devenir à leur tour lignes de niveau.

Cette propriété tient à ce que les lignes de niveau d'une surface, les lignes de plus grande pente correspondantes et leurs trajectoires sous des angles constants, sont telles qu'en un même point de la surface les centres de courbure géodésiques de toutes ces courbes sont sur une même ligne droite.

La propriété énoncée ci-dessus s'applique à d'autres surfaces que les élassoïdes dérivés par flexion les uns des autres.

§ 150.

*Réseau plan dont les courbes se coupent sous un angle constant et peuvent être
lignes de niveau de développables résultant de l'enroulement du plan.*

Si l'on prend, par exemple, pour surface de référence un plan, on parvient à construire les surfaces développables suivant lesquelles il faut enrouler le plan pour que deux courbes, prises au hasard, se transforment successivement en lignes de niveau se coupant mutuellement sous un angle donné.

Les deux développables déformées sont applicables l'une sur l'autre par de simples rotations autour des génératrices.

Ce n'est pas le moment de montrer comment la construction géométrique s'achève sans difficulté, ni comment le quarré de l'élément linéaire du plan s'obtient avec deux fonctions arbitraires [mettant ainsi en évidence les réseaux orthogonaux intéressants dont nous venons de donner la définition, réseaux dont les trajectoires comprennent également des courbes de même nature] (*).

§ 151.

Une propriété générale des courbes de niveau.

Nous terminerons en observant que sur toutes les surfaces dont les lignes de niveau sont trajectoires les unes des autres, la forme variant, les conjuguées des courbes de niveau se correspondent toutes ; on peut dire que ces conjuguées sont immobiles, et cela correspond à une propriété tout à fait générale : sur une surface arbitraire, en un même point les centres de courbure de la ligne de niveau et de toutes ses trajectoires sont sur une même droite perpendiculaire à la direction conjuguée de la courbe de niveau.

(*) Soient deux courbes arbitraires (a) et (b), faisant correspondre des points a et b tels que les tangentes y fassent entre elles un angle constant, enroulant le plan de telle façon que la corde ab devienne génératrice et que (a) reste plane, toutes les lignes de niveau de la développable situées dans des plans parallèles à (a) formeront les courbes de la première famille ; on obtiendra de même les courbes de la seconde. Telle est l'intégrale avec deux fonctions arbitraires.

CHAPITRE XVII.

PROPRIÉTÉ CARACTÉRISTIQUE DE LA CONGRUENCE ISOTROPE

FORMÉE DES GÉNÉRATRICES DE QUADRIQUES HOMOFOCALES.

————

§ 152.

Si deux congruences incidente et réfléchie sont isotropes, la surface dirimante est
une quadrique.

La théorie des congruences isotropes comprend, comme exemple particulièrement
intéressant, celui d'une congruence formée des génératrices de quadriques homofocales. Nous allons établir que cette congruence jouit d'une propriété fondamentale.

Cherchons s'il est possible de trouver une surface de référence et une congruence de droites, telles que les droites données et les droites réfléchies forment deux
congruences isotropes.

Considérons le réseau orthogonal (u, v) tel que les droites D de la congruence
incidente soient toujours comprises dans le plan des ZOX, soit i l'angle d'incidence,
on a pour l'équation de la surface élémentaire

$$\operatorname{tg} \theta = \frac{g\, dv + \mathrm{L}\left[dv \left(\dfrac{dg}{f\, du} \sin i + \mathrm{Q} \cos i \right) - du \left(\dfrac{df}{g\, dv} \sin i + f\mathrm{D} \cos i \right) \right]}{f \cos i\, du + \mathrm{L}\left[dv \left(\dfrac{di}{dv} - g\mathrm{D} \right) + du \left(\dfrac{di}{du} + \mathrm{P} \right) \right]},$$

on en déduit que la congruence des droites D sera isotrope si

$$g\mathrm{P} - \mathrm{Q}f \cos^2 i + g \frac{di}{du} - \cos i \sin i \frac{dg}{du} = 0,$$

avec

$$2\mathrm{D}g - \frac{di}{dv} + \operatorname{tg} i \frac{df}{f\, dv} = 0.$$

Si la congruence réfléchie est aussi isotrope, les deux équations qui précèdent doivent
être indépendantes du signe de i; on a donc $\mathrm{D} = 0$. Ainsi le réseau (u, v) est formé
des lignes de courbure de la surface de référence.

Posons $\dfrac{P}{f} = A$ et $\dfrac{Q}{g} = B$. On devra avoir

$$A - B\cos^2 i = 0,$$

$$\frac{di}{du} = \cos i \sin i \frac{dg}{g\,du},$$

$$\frac{di}{dv} = \operatorname{tg} i \frac{df}{f\,dv}.$$

On a l'équation de Codazzi

$$\frac{df}{f\,dv}(A - B) + \frac{dA}{dv} = 0.$$

De la troisième des équations de Codazzi on déduit

$$-\frac{di}{dv}\operatorname{tg} i + \frac{dA}{A\,dv} = 0;$$

d'où résulte, d'après ce qui précède,

$$A \cos i = U_1,$$

$$B = \frac{U_1}{\cos^3 i};$$

et, par conséquent,

$$\frac{A^3}{B} = U_1^2.$$

D'un autre côté, on a

$$\frac{dg}{g\,du} = \frac{di}{du}\frac{1}{\cos i \sin i},$$

avec l'équation de Codazzi :

$$\frac{dg}{g\,du}(B - A) + \frac{dB}{du} = 0,$$

on obtient

$$\frac{di}{du}\frac{\sin i}{\cos i} + \frac{dB}{B\,du} = 0;$$

d'où résulte

$$B = V \cos i;$$

ce qui entraîne, comme conséquence,

$$\cos^4 i = \frac{U_1}{V};$$

et, en définitive,

$$\frac{B^3}{A} = V^2.$$

Ainsi les quantités $\frac{A^3}{B}$ et $\frac{B^3}{A}$ sont respectivement des fonctions de U et de V ; d'après un beau résultat établi par M. Ossian Bonnet, on sait que cette double condition caractérise des surfaces du second ordre (*).

§ 153.

Les congruences isotropes incidente et réfléchie sont les génératrices d'une famille de quadriques homofocales.

Il n'est pas difficile de trouver maintenant ce que sont les rayons des congruences isotropes : on vérifie, en effet, immédiatement, que les traces principales des congruences isotropes, sur la surface de référence, coïncident avec les asymptotiques de celle-ci (†).

Conséquemment on peut énoncer cette importante proposition : *Si une congruence, réfléchie sur une surface de référence, est isotrope avant et après la réflexion, 1° la surface de référence est une quadrique ; 2° les rayons de la congruence sont formés des génératrices des quadriques homofocales à la surface de référence et qui lui sont orthogonales.*

(*) Voir page 113 du XLIIe cahier du *Journal de l'École polytechnique.*

(†) La nécessité d'abréger nous fait supprimer ce calcul. De ce que les traces principales sont les asymptotiques, il résulte, comme au chapitre XII, que les plans isotropes tangents se coupent suivant les rayons des congruences ; et, le long d'une ligne de courbure de la surface dirimante, ces droites se rangent suivant un hyperboloïde orthogonal à la quadrique.

CHAPITRE XVIII.

ÉLASSOÏDES ALGÉBRIQUES PASSANT PAR UN CERCLE.

------

§ 154.

Par un cercle déterminé on peut faire passer autant d'élassoïdes algébriques qu'on peut construire d'épicycloïdes ou d'hypocycloïdes algébriques.

D'après la théorie que nous avons donnée des contours conjugués, on sait comment doit s'aborder la recherche des élassoïdes passant par un contour plan.

Une application de quelque élégance peut être faite dans le cas où le contour donné est un cercle. Le problème de la recherche de tous les élassoïdes passant par le cercle revient, comme nous l'avons montré, à la découverte de tous les contours conjugués au cercle. Chaque fois que les contours seront algébriques, les élassoïdes seront algébriques.

Considérons la courbe, projection sur le plan du cercle, du contour conjugué; faisons correspondre par parallélisme des tangentes les points du cercle et de la projection. (Il suffira de tourner le cercle dans son plan, de $\frac{\pi}{2}$ pour que les éléments correspondants des deux courbes soient rectangulaires.) L'élément du cercle a pour valeur

$$dS_c^2 = a^2\, d\theta^2,$$

l'élément de la courbe conjuguée a pour valeur

$$dS_{c'}^{'2} = R^2\, d\theta^2 + dZ^2,$$

expression où R désigne le rayon de courbure de la projection sur le plan du cercle et Z la distance d'un point du contour au plan.

Prenons, pour projection du contour indéterminé, l'épicycloïde ayant pour équation

$$p = b \sin k\theta;$$

dans ce cas

$$R = b(1 - k^2) \sin k\theta,$$

et puisque les éléments des deux contours sont égaux, on obtient

$$dZ = d\theta \sqrt{a^2 - b^2(1 - k^2)^2 \sin^2 k\theta}.$$

Pour que le contour soit algébrique, sa projection doit être algébrique et la valeur de Z doit également être algébrique.

En général Z dépend des fonctions elliptiques, mais on peut toujours choisir a de telle façon que

$$a = b(1 - K^2),$$

et alors

$$Z = \frac{a \sin k\theta}{K}.$$

Dès lors, si la projection est algébrique, les élassoïdes conjugués, dont l'un passe par le cercle, seront algébriques.

Mais la projection sera algébrique toutes les fois que le coefficient R sera un nombre commensurable ; conséquemment : *par un cercle déterminé ou peut faire passer autant d'élassoïdes algébriques qu'on peut construire d'épicycloïdes ou d'hypocycloïdes algébriques.*

Le contour conjugué est défini par les équations suivantes entre lesquelles il faut éliminer θ :

$$x \cos \theta + y \sin \theta = b \sin k\theta,$$
$$y \cos \theta - x \sin \theta = bk \cos k\theta,$$
$$Z = \frac{b(1 - K^2)}{K} \sin k\theta;$$

on en déduit immédiatement l'équation

$$x^2 + y^2 = b^2 K^2 + z^2 \frac{K^2}{1 - K^2},$$

qui représente une quadrique de révolution.

Si l'on désigne par R le rayon du cercle de base d'une hypocycloïde et par r celui du cercle roulant, l'équation précédente peut s'écrire

$$\frac{x^2}{R^2} + \frac{y^2}{R^2} - \frac{z^2}{4r(r - R)} = 1.$$

Dans le cas des épicycloïdes, il suffirait de changer le signe de r.

Le rayon du cercle conjugué au contour est

$$a = \frac{4r(r - R)}{R - 2r}.$$

Nous réservons l'étude détaillée des élassoïdes intéressants dont nous venons d'établir l'existence.

§ 155.

Congruence déduite du réseau isométrique sphérique formé de coniques homofocales.

De toutes les congruences isotropes, la plus remarquable est celle que l'on déduit de la considération des quadriques homofocales. Il y a lieu de traiter différemment le cas des quadriques à centre et celui des paraboloïdes homofocaux. Dans ce chapitre, nous ne nous occuperons que du premier cas.

On sait que le plan tangent au cône asymptote d'un hyperboloïde coupe cette surface suivant deux génératrices parallèles à la génératrice suivant laquelle le cône asymptote est touché par le plan tangent. Conséquemment les cônes asymptotes de tous les hyperboloïdes homofocaux découpent, sur une sphère de rayon unité, ayant leur sommet commun pour centre, une famille de coniques sphériques orthogonales formant un réseau isométrique.

On voit que tous les élassoïdes groupés déduits de ce réseau isométrique sphérique seront algébriques ; l'une des congruences (et elle sera double) sera formée des génératrices des quadriques homofocales ; la congruence conjuguée s'obtiendra en portant sur les tangentes aux courbes du réseau des longueurs égales aux valeurs du coefficient λ de l'élément linéaire ; cette longueur portée tangentiellement aux coniques intersections avec la sphère des cônes asymptotes des hyperboloïdes à une nappe, donnerait le pied des rayons de la congruence formée par les génératrices des hyperboloïdes homofocaux ; portée à angle droit et tangentiellement aux coniques du réseau, intersection de la sphère et des cônes asymptotes des hyperboloïdes à une nappe, homofocaux, elle déterminera le pied de génératrices d'hyperboloïdes encore homofocaux aux premiers. On obtiendra donc les deux congruences conjuguées en considérant les génératrices des quadriques

$$\frac{x^2}{a^2 - \lambda} + \frac{y^2}{b^2 - \lambda} + \frac{z^2}{c^2 - \lambda} = 1.$$

§ 156.

Les élassoïdes conjugués coïncident.

Ainsi, les deux élassoïdes conjugués ont même nature, même degré, même classe. Ils forment la même surface.

Désignant par u et v les paramètres des coniques homofocales sphériques, on trouve pour l'élément linéaire de la sphère en fonction des éléments du réseau (u, v), la sphère ayant pour rayon R

$$\frac{4\,dS^2}{R^2} = \frac{(u - v)\,du^2}{(a^2 - u)(b^2 - u)(c^2 - u)} + \frac{(v - u)\,dv^2}{(a^2 - v)(b^2 - v)(c^2 - v)}.$$

Les coordonnées d'un point de l'image sphérique sont définies par le système

$$x_0 = \mathrm{R}\sqrt{\frac{(a^2 - u)(a^2 - v)}{(b^2 - a^2)(c^2 - a^2)}},$$

$$y_0 = \mathrm{R}\sqrt{\frac{(b^2 - u)(b^2 - v)}{(c^2 - b^2)(a^2 - b^2)}},$$

$$z_0 = \mathrm{R}\sqrt{\frac{(c^2 - u)(c^2 - v)}{(a^2 - c^2)(b^2 - c^2)}}.$$

§ 157.

Valeur du paramètre de la congruence isotrope.

Par des calculs dont nous supprimons le détail on trouve que sur l'hyperboloïde (u) le paramètre des génératrices de la quadrique (u) a pour valeur

$$p = i\frac{\sqrt{(a^2 - u)(b^2 - u)(c^2 - u)}}{(u - v)}.$$

Quant à la distance de la génératrice et de sa parallèle menée par le centre de la sphère, on trouve

$$\mathrm{L} = \sqrt{v - u}.$$

Rien n'est plus simple que d'établir l'équation du plan tangent à l'un des élassoïdes groupés, on a

$$\sum \sqrt{\frac{(a^2 - u)(a^2 - v)}{(b^2 - a^2)(c^2 - a^2)}}\mathrm{X}$$

$$= m\frac{\sqrt{(a^2 - u)(b^2 - u)(c^2 - u)}}{(u - v)} + n\frac{\sqrt{(a^2 - v)(b^2 - v)(c^2 - v)}}{(v - u)},$$

où $\sum$ s'applique à trois termes permutés et où m et n sont des constantes arbitraires dont l'annulation donne lieu aux deux élassoïdes moyen et conjugué ou, plus exactement, aux deux nappes de l'élassoïde unique.

§ 158.

Discussion de l'élassoïde.

Les coordonnées d'un point de l'élassoïde stratifié sont données par trois formules symétriques de la suivante (*)

$$
\mathrm{X}\sqrt{(b^2 - a^2)(c^2 - a^2)}
= \frac{1}{(v-u)^3}\left\{
\begin{aligned}
&m\,\sqrt{(a^2 - v)(b^2 - u)(c^2 - u)} \\
&\quad \times \left[3(a^2 - u)(b^2 - v)(c^2 - v) + (a^2 - v)(b^2 - u)(c^2 - u)\right] \\
&-n\,\sqrt{(a^2 - u)(b^2 - v)(c^2 - v)} \\
&\quad \times \left[3(a^2 - v)(b^2 - u)(c^2 - u) + (a^2 - u)(b^2 - v)(c^2 - v)\right]
\end{aligned}
\right\},
$$

les valeurs des deux autres coordonnées s'obtenant par permutation circulaire.

On vérifie sans difficulté sur ces formules que les élassoïdes principaux sont coupés par les plans coordonnés suivant les développées des coniques focales du réseau de quadrique ; ces courbes sont des géodésiques de la surface. Les axes de coordonnées appartiennent aussi au lieu comme lignes multiples ; mais on sait qu'il n'y a que des segments de ces axes qui soient situés sur des nappes réelles ; on obtiendra les points limites de ces segments en portant sur un axe à partir du centre des longueurs égales aux rayons de courbure limites de la conique focale située dans un plan de symétrie perpendiculaire et appartenant au système conjugué.

On sait que les plans de symétrie coupent encore l'élassoïde moyen suivant des lignes doubles dont on construira les points *en prenant les points milieux des droites joignant les centres des cercles de courbure de même rayon, d'une conique focale.*

La classe de l'élassoïde moyen est 12 et son degré 66.

Si l'on considère un des hyperboloïdes homofocaux, tous les plans moyens correspondants enveloppent une développable de quatrième classe.

Dans le cas où l'on considère au lieu d'hyperboloïdes des paraboloïdes homofocaux, on voit directement en considérant les droites de l'élassoïde situées dans le plan de l'infini que la classe est 5 et le degré 15 ([†]).

(*) L'élassoïde moyen s'obtiendrait en faisant $m = 1$, $n = 0$, l'élassoïde conjugué en faisant $m = 0$, $n = 1$, un couple arbitraire de valeur de m et n correspond à un élassoïde stratifié arbitraire.

([†]) La considération de la développable imaginaire double circonscrite à toutes les quadriques homofocales, surface complétement étudiée et connue dans ses plus grands détails, permet de traiter géométriquement et du premier coup tout ce qui a trait au degré et à la classe de ces élassoïdes.

CHAPITRE XIX.

ÉTUDE DES ÉLASSOÏDES DÉRIVÉS DES PARABOLOÏDES HOMOFOCAUX.

———

§ 159.

Calcul des coordonnées de l'élassoïde moyen en fonction de deux paramètres.

L'extrême complication des élassoïdes dérivés des quadriques homofocales à centre conduit à examiner plus en détail le cas particulier qui a trait aux paraboloïdes homofocaux : nous étudierons les propriétés de l'élassoïde moyen et de son conjugué, car ici les deux nappes se séparent.

Rappelons que la recherche des lignes de courbure dépend des fonctions elliptiques ; nous l'avons déjà établi en dérivant des élassoïdes du plan ; nous n'y reviendrons plus.

L'équation la plus générale des paraboloïdes homofocaux rapportés à leurs plans principaux (l'origine étant au milieu du segment focal) est

$$\frac{y^2}{\sin^2 \varphi} - \frac{z^2}{\cos^2 \varphi} = 8h(x - h\cos 2\varphi).$$

Il en résulte que les équations d'une génératrice peuvent s'écrire

$$y = \frac{\sin \varphi}{\lambda}x - \frac{h\sin \varphi}{\lambda}(-2\lambda^2 + \cos 2\varphi),$$
$$z = \frac{\cos \varphi}{\lambda}x - \frac{h\cos \varphi}{\lambda}(2\lambda^2 + \cos 2\varphi);$$

l'équation de la ligne de striction est

$$y \cos^3 \varphi + z \sin^3 \varphi = 0.$$

Dès lors, on trouve pour les coordonnées du point central

$$x' = h\cos 2\varphi(1 - 2\lambda^2),$$
$$y' = 4h\lambda \sin^3 \varphi,$$
$$z' = 4h\lambda \cos^3 \varphi.$$

En conséquence l'équation du plan moyen est
$$\lambda x + y \sin \varphi + z \cos \varphi + \lambda h \cos 2\varphi(3 + 2\lambda^2) = 0;$$
on en déduit pour les coordonnées du point de contact du plan moyen et de l'élassoïde
$$X = -3h \cos 2\varphi(1 + 2\lambda^2),$$
$$Y = 2\lambda h \sin \varphi[\cos 2\varphi(4\lambda^2 + 3) + (2\lambda^2 + 3)],$$
$$Z = 2\lambda h \cos \varphi[\cos 2\varphi(4\lambda^2 + 3) - (2\lambda^2 + 3)].$$

§ 160.

Calcul des coordonnées de l'élassoïde conjugué.

Nous trouvons pour le paramètre de distribution
$$P = -2h \sin 2\varphi(1 + \lambda^2).$$
L'équation du plan tangent à l'élassoïde conjugué est
$$\lambda X + Y \sin \varphi + Z \cos \varphi = 2h \sin^2 \varphi(1 + \lambda^2)^{\frac{3}{2}}.$$
Les coordonnées de l'élassoïde sont définies par les équations
$$X' = 6h \sin 2\varphi \lambda(1 + \lambda^2)^{\frac{1}{2}},$$
$$Y' = 4h \cos \varphi(1 + \lambda^2)^{\frac{1}{2}}\left[\cos^2 \varphi + \lambda^2(\cos^2 \varphi - 3 \sin^2 \varphi)\right],$$
$$Z' = 4h \sin \varphi(1 + \lambda^2)^{\frac{1}{2}}\left[\sin^2 \varphi + \lambda^2(\sin^2 \varphi - 3 \cos^2 \varphi)\right].$$

§ 161.

Classe de l'élassoïde moyen et des élassoïdes stratifiés.

Cherchons la classe de l'élassoïde central : nous trouvons pour l'équation de la surface polaire réciproque par rapport à une sphère du rayon h, ayant son centre à l'origine :
$$X(Z^2 - Y^2)[3(Y^2 + Z^2) + 2X^2] = h(Y^2 + Z^2)^2.$$
L'élassoïde est donc de cinquième classe.

Nous trouvons de même, pour la polaire réciproque de l'élassoïde conjugué, l'équation
$$Y^2 Z^2(X^2 + Y^2 + Z^2)^3 = h^2(Y^2 + Z^2)^4.$$
L'élassoïde conjugué est de dixième classe.

On trouve avec la même facilité l'équation de la polaire réciproque d'un des élassoïdes stratifiés quelconque
$$\left[h(Y^2 + Z^2)^2 - mX(Z^2 - Y^2)[3(Y^2 + Z^2) + 2X^2]\right]^2 - 4n^2 Y^2 Z^2(X^2 + Y^2 + Z^2)^3;$$
on voit que leur classe n'est jamais supérieure à *dix*.

§ 162.

Le degré de l'élassoïde central est 15. Considération de la section par le plan de l'infini et de la section par le plan des XY.

La développable isotrope unique touchant chacun des paraboloïdes homofocaux a son arête de rebroussement du sixième ordre; l'intersection de l'élassoïde moyen et du plan de l'infini doit donc être composée de $\frac{6(6-1)}{2}$ droites; conséquemment la surface doit être du quinzième degré. On le vérifie bien facilement comme il suit : cherchons l'intersection par le plan des XY; il y a trois cas à examiner :

$1^{\rm o}$ $\lambda = 0$, alors Y est nul et

$$X = -3h(\cos^2 \varphi - \sin^2 \varphi),$$

le plan tangent, tout le long de l'axe des X, qui forme ligne multiple, est défini par l'équation

$$Y \sin \varphi + Z \cos \varphi = 0,$$

le point de contact a pour abscisse

$$X_0 = -3h\frac{1 - \operatorname{tg}^2 \varphi}{1 + \operatorname{tg}^2 \varphi};$$

on voit qu'à chaque valeur de X_0 correspondent deux valeurs de $\operatorname{tg}\varphi$ et par conséquent deux plans tangents. L'axe des X est donc *ligne double*.

$2^{\rm o}$ $\cos\varphi = 0$. Le plan tangent a son équation de la forme

$$\lambda X \pm Y - \lambda h(3 + 2\lambda^2) = 0;$$

il est parallèle à l'axe des Z tout le long de la section qui est ligne simple; son équation est

$$\left(\frac{X - 3h}{6h}\right)^3 = \frac{Y^2}{16h^2},$$

c'est la développée de la parabole focale contenue dans le plan des XY;

$3^{\rm o}$ $\qquad\qquad 3\sin^2 \varphi(1 + \lambda^2) - \cos^2 \varphi\lambda^2 = 0.$

La ligne correspondante est double, les plans tangents en un de ses points sont définis par l'équation

$$\cos V = \frac{\cos \varphi}{\sqrt{1 + \lambda^2}}.$$

Effectuant l'élimination on trouve pour l'équation de la courbe double

$$-24x^3y^2 + 3h(2^6 x^4 - 2^3 \cdot 3x^2 y^2 - 3^2 \cdot y^4)$$
$$+ 3^2 \cdot 2^3 h^2 x(3y^2 + 2^2 \cdot 5 \cdot y^2) + 2^4 \cdot 3^2 h^3(3x^2 + y^2) = 0;$$

elle est du cinquième ordre et doit être comptée pour dix unités.

Additionnant les degrés des courbes d'intersection, on trouve bien 15 pour le degré de la surface.

§ 163.

*La section de l'élassoïde par le plan des ZY se compose de deux droites triples et
d'une ligne de courbure imaginaire qui est une hypocycloïde à quatre
rebroussements.*

Si l'on cherche la section de la surface par le plan des ZY on trouve 1° comme
droites triples les bissectrices des angles des axes ; 2° en rapportant la section à ces
lignes triples, on trouve pour l'équation du complément

$$2 = \left(-\frac{z'^2}{h^2}\right)^{\frac{1}{3}} + \left(-\frac{y'^2}{h^2}\right)^{\frac{1}{3}},$$

ce qui dénote une hypocycloïde imaginaire à quatre rebroussements. Tout le long de
cette courbe le plan tangent à la surface est défini par la relation

$$\cos V = \frac{i}{\sqrt{3}},$$

c'est donc une ligne de courbure imaginaire.

3° La droite de l'infini appartient tout entière au lieu. On vérifie sans difficulté
que la section de la surface par le plan de l'infini se compose de cette droite *nonuple* et
des deux tangentes à l'ombilicale (comptées *triples*) menées aux ombilics du plan ZY.

§ 164.

L'élassoïde est inscrit dans un cône de révolution ayant son sommet à l'origine.

Si l'on cherche l'équation du cône circonscrit à la surface et ayant son sommet à
l'origine, on trouve le *cône de révolution*

$$\left(\frac{3}{2}\right)^{\frac{2}{3}} (Y^2 + Z^2) = X^2,$$

dont la courbe de contact est définie par l'équation

$$\frac{X^5}{6h} + \left(\frac{3}{2}\right)^{\frac{2}{3}} (Z^2 - Y^2) = 0.$$

§ 165.

Les courbes de l'élassoïde correspondant aux paraboloïdes homofocaux sont de quatrième ordre et de deuxième espèce, leurs trajectoires orthogonales sont du sixième ordre.

Les lignes les plus simples que l'on puisse tracer sur l'élassoïde moyen sont celles qui correspondent à chacun des paraboloïdes homofocaux ; ce sont les courbes de contact de cylindres dont les génératrices sont perpendiculaires aux divers plans directeurs des paraboloïdes. Tous ces plans directeurs sont parallèles à l'axe des X, et si l'on mène les plans parallèles passant par cet axe ils couperont les cylindres circonscrits suivant les développées des paraboles, projections des lignes de striction.

Prenant toujours pour origine et pour axe des X les mêmes données, mais pour plan des XY le plan directeur correspondant à une valeur donnée de $\varphi = \frac{\omega}{2}$, nous trouvons pour équation de la ligne de contact

$$2h^2 \cos^2 \omega y^2 + (x + 3h \cos \omega)^3 = 0,$$
$$\frac{2}{y} = \operatorname{tg} \omega \frac{6h \cos \omega - x}{3h \cos \omega + x}.$$

Ces deux surfaces ont pour intersection la génératrice représentée par

$$x = -3h \cos \omega, \quad y = 0,$$

et la courbe de contact proprement dite, qui est du quatrième ordre, à point de rebroussement, et de deuxième espèce.

Sur la surface, ces courbes forment une famille dont les trajectoires orthogonales sont des courbes du sixième ordre tracées sur des quadriques de révolution.

§ 166.

Lignes de l'élassoïde conjugué correspondant aux paraboloïdes homofocaux : courbes de contact de cylindres dont la section droite, du sixième ordre, est la développée d'une courbe du sixième ordre.

Il convient maintenant d'étudier l'élassoïde conjugué. Commençons par chercher, dans le dernier système d'axes, les courbes correspondant aux paraboloïdes homofocaux successifs. Posons, pour plus de commodité,

$$\lambda = \cot \mu.$$

L'équation du plan tangent à l'élassoïde conjugué devient

$$x \cos \mu + y \sin \mu = \frac{h \sin \omega}{2 \sin^2 \mu}.$$

On vérifie (comme l'indiquait déjà la théorie générale) que la développable correspondant à une valeur de ω est un cylindre ; on sait que sa section droite doit être la développée d'une courbe algébrique. Il suffira de le démontrer pour le cas où ω sera égal à $\frac{\pi}{2}$.

Les coordonnées du point de tangence sont

$$x = \frac{5h}{2}\,\frac{\cos\mu}{\sin^2\mu}, \quad y = \frac{h}{2}\,\frac{(\sin^2\mu - 2\cos^2\mu)}{\sin^3\mu},$$

mais, d'après la théorie générale, le rayon de courbure de la développante cherchée est

$$R = \frac{h}{2}\cos\mu\,\frac{3\sin^2\mu + 2\cos^2\mu}{\sin^3\mu};$$

on en déduit sans peine que la développante est l'enveloppe de la droite ayant pour équation

$$-x\sin\mu + y\cos\mu = \frac{h}{2}\cot\mu.$$

On en peut donner la définition suivante : c'est l'*enveloppe d'un côté d'un angle droit dont l'autre côté touche le cercle de rayon $\frac{h}{2}$ et dont le sommet décrit un diamètre du cercle.*

On peut définir l'élassoïde conjugué comme admettant pour géodésique la développée de la courbe précédente ; celle-ci a pour équation cartésienne

$$x^2(8a^2 + y^2)^2 = [4x^2 + 3(y^2 - a^2)][(y^2 - a^2)^2 - 12a^2x^2],$$

et sa développée

$$\frac{2^4}{3^4}\frac{x^6}{a^4} - \frac{4}{3}\frac{x^2}{a^2}(2x^2 + 9y^2) - \frac{9y^2}{a^2} + 9(x^2 + y^2) = 0,$$

elles sont toutes deux *du sixième ordre.*

§ 167.

Équation de la courbe de contact des cylindres dérivant des paraboloïdes homofocaux lorsqu'on les a étendus sur un plan (sixième ordre).

Pour compléter l'étude des courbes des deux élassoïdes correspondant aux paraboloïdes, il convient de chercher ce qu'elles deviennent lorsqu'on aplatit les cylindres circonscrits sur un plan. On sait d'après la théorie générale que dans ce cas la courbe de contact se transforme *en une seule courbe algébrique* ; elle a pour équation

$$0 = \frac{4^3}{3^3 \cdot h^4} \left(\frac{z^2}{\cos^2 \omega} - \frac{R^2}{\sin^2 \omega} - h^2 \right)^3$$
$$+ \frac{4^2}{3 \cdot h^2} \left(\frac{z^2}{\cos^2 \omega} - \frac{R^2}{\sin^2 \omega} - h^2 \right)^2 + 3 \left(\frac{z^2}{\cos^2 \omega} - \frac{4}{3} \frac{R^2}{\sin^2 \omega} - 1 \right),$$

Z et R étant les deux coordonnées ; *la courbe est donc du sixième degré.*

Pour déterminer le degré de l'élassoïde conjugué, il convient de chercher sa section par le plan des XY qui est un plan de symétrie.

§ 168.

Degré de l'élassoïde conjugué (26).

1^0 $\sin \varphi = 0$ l'axe des y *sextuple* appartient au lieu, quatre nappes sont imaginaires, deux sont réelles aux points tels que

$$y^2 > h^2.$$

2^0
$$(1 + \lambda^2) \sin^2 \varphi - 3\lambda^2 \cos^2 \varphi = 0.$$

La courbe est double ; remplaçant λ^2 par ω, l'équation s'obtiendra en éliminant ω entre les relations

$$\omega^2 + \omega \left(1 \pm \frac{4}{3^{\frac{3}{2}}} \frac{x}{h} \right) \pm \frac{x}{3^{\frac{3}{2}} h} = 0,$$
$$\omega \frac{3^{\frac{3}{2}} y^2}{hx} + (1 + \omega)(1 - 2\omega)^2 = 0,$$

on trouve deux courbes distinctes suivant le signe donné à x ; elles sont du cinquième degré et ont pour équation

$$2\frac{y^4}{h} + 3h \left(1 - 16 \frac{x'^2}{h^2} \right)$$
$$= 2 \cdot 3^2 h x'^2 \left(1 + 4 \frac{x'}{h} \right)^2 + y^2 \left[\left(1 + \frac{6x'}{h} \right) 2 - x' \left(1 + \frac{8x'}{h} \right) \left(2^3 \frac{x'}{h} + 5 \right) \right],$$

où l'on a posé

$$\pm x = x' 3^{\frac{3}{2}} \; (*).$$

On en conclut que le degré est 26.

§ 169.

Formation d'un réseau isométrique sphérique composé de biquadratiques, comme application de la théorie générale.

On sait que les génératrices des paraboloïdes homofocaux peuvent être considérées comme les rayons d'une congruence isotrope dérivée d'un certain réseau isométrique tracé sur la sphère, réseau qui variera par conséquent avec la position du centre de la sphère ; cherchons en particulier ce qu'il est dans le cas où la sphère a pour centre le point milieu du segment focal.

Nous trouvons pour intégrales des lignes du réseau

$$\frac{\sin 2\omega}{\cos 2\varphi} = ai,$$

$$\frac{\sin 2\varphi}{\cos 2\omega} = b,$$

où a et b sont les constantes caractéristiques de ces lignes. En coordonnées cartésiennes, on trouve

$$\left. \begin{array}{l} a = \dfrac{2RX}{Y^2 - Z^2}, \\[2ex] b = \dfrac{2YZ}{2X^2 + Y^2 + Z^2} \end{array} \right\} \quad \text{avec} \quad R^2 = X^2 + Y^2 + Z^2;$$

ce sont donc des biquadratiques.

Si l'on cherche l'expression du quarré de l'élément linéaire de la sphère, on trouve

$$\frac{dS^2}{R^2} = \frac{1}{2} \frac{(1 + a^2)(1 + b^2)}{1 + a^2 b^2 + \sqrt{(1 + a^2)(1 + a^2 b^2)}} \left[\frac{da^2}{(1 + a^2)^2} + \frac{db^2}{(1 - b^2)^2} \right],$$

ainsi se vérifie cette conséquence de la théorie générale, que le réseau est orthogonal et isométrique.

Voilà bien assez de détails au sujet des élassoïdes dérivés des paraboloïdes homofocaux.

———

<hr>

(*) Il existe deux autres plans (à 45° sur les premiers) qui sont plans de symétrie, qui coupent par conséquent l'élassoïde suivant une ligne double laquelle se décompose en deux lignes du cinquième degré. La section par le plan des ZY comprend comme ligne de courbure une hypocycloïde à quatre rebroussements.

CHAPITRE XX.

ÉTUDE DES ÉLASSOÏDES APPLICABLES SUR DES SURFACES DE
RÉVOLUTION (*).

§ 170.

Les géodésiques principales, et leurs trajectoires orthogonales, sur des élassoïdes applicables sur des surfaces de révolution ont pour image sphérique un réseau orthogonal formé de grands cercles et de petits cercles.

Bour a montré qu'il existe une famille d'élassoïdes applicables sur des surfaces de révolution ; nous terminerons cette étude des élassoïdes par une étude de ces surfaces remarquables dont un grand nombre sont algébriques, sur lesquelles on peut intégrer l'équation des lignes de courbure et de leurs trajectoires, et dont (par définition) les géodésiques s'obtiennent par de simples quadratures.

Rappelons rapidement les propriétés fondamentales de ces surfaces. Tout réseau orthogonal d'un élassoïde a pour image sphérique un réseau orthogonal. Soient A, B les courbures normales des courbes transformées, sur l'élassoïde, des méridiens et des parallèles des surfaces de révolution, D le paramètre de déviation, l'élément linéaire de l'élassoïde et celui de la sphère sont

$$dS^2 = f^2\,du^2 + g^2\,dv^2,$$
$$dS'^2 = (A^2 + D^2)(f^2\,du^2 + g^2\,dv^2).$$

A et B sont égaux et de signe contraire, mais les lignes (v) et (u) étant sur l'élassoïde des géodésiques et des cercles géodésiques, f et g sont des fonctions de u seule. D'un autre côté, la troisième équation de Codazzi, appliquée au réseau (u, v) de l'élassoïde, donne

$$fg(A^2 + D^2) = \frac{d}{du}\left(\frac{dg}{f\,du}\right),$$

par conséquent A^2+D^2 qui est fonction de g et de f est une simple fonction de u. Ceci démontre que sur la sphère les coefficients du quarré de l'élément linéaire sont tous deux fonction de u seule. Dès lors *les lignes v sont des géodésiques et par conséquent*

(*) Ce chapitre est le résumé d'une étude entreprise par M. Rouquet sur ma demande.

des grands cercles; les lignes u sont des cercles géodésiques et par conséquent des petits cercles.

On sait qu'un semblable réseau ne peut être composé que de grands cercles ayant un diamètre commun et de petits cercles ayant pour pôles les extrémités de ce diamètre.

En conséquence le carré de l'élément linéaire de la sphère se mettra sous la forme la plus simple

$$dS'^2 = du^2 + \sin^2 u \, dv^2.$$

Nous prendrons pour surface de référence la sphère rapportée à ce réseau particulier. Désignons par t la distance du centre de la sphère (de rayon unité) au plan tangent de l'élassoïde; posant

$$M = \frac{d^2 t}{du^2} + t,$$

$$M' = \frac{1}{\sin u} \frac{d^2 t}{dv^2} + \cos u \, \frac{dt}{du} + t \sin u,$$

$$N = \frac{d^2 t}{du \, dv} - \cot u \, \frac{dt}{dv},$$

on trouve pour l'élément linéaire de la surface-enveloppe du plan t, par les calculs de périmorphie

$$dS^2 = \left(M^2 + \frac{N^2}{\sin^2 u} \right) du^2 + (M'^2 + N^2) \, dv^2 + 2N \left(\frac{M'}{\sin u} + M \right) du \, dv.$$

La surface est élassoïde si le réseau (u, v) correspondant au réseau sphérique est orthogonal et n'est pas celui des lignes de courbure (ce qui élimine l'hypothèse de $N = O$).

Conséquemment nous devrons avoir

$$M' = -M \sin u,$$

et pour que l'élassoïde soit applicable sur une surface de révolution (nous désignerons par (ε_r) les élassoïdes de cette nature) il faut et il suffit que $\left(M^2 + \frac{N^2}{\sin^2 u} \right)$ soit une simple fonction de u.

§ 171.

Équation générale des cylindres circonscrits le long des géodésiques principales des élassoïdes (ε_r).

Nous poserons donc

$$M = U \cos V, \qquad \frac{N}{\sin u} = U \sin V;$$

on démontre que V est une simple fonction de v. Par des calculs dont nous supprimons le détail, on trouve

$$t = \frac{a}{m(m^2 - 1)} \cot^m \frac{u}{2}(m - \cos u)\cos m(v + v_0) + \sin u(V_1 + U_2),$$

où l'on a posé

$$V_1 = b\cos v + b'\sin v, \quad U_2 = c\cot u.$$

Les constantes b, b', c n'ont d'influence que sur la position de la surface et a sur son échelle de grandeur. La constante v_0 influe seulement sur l'orientation de la surface ; la constante m est donc la seule à considérer et toutes les autres peuvent être annulées sans inconvénient ; on aura donc

$$t = \frac{a}{m(m^2 - 1)} \cot^m \frac{u}{2}(m - \cos u)\cos mv.$$

L'élassoïde (ε_r) *est l'enveloppe de cylindres semblables entre eux dont les courbes de contact sont des géodésiques de l'élassoïde.*

§ 172.

Forme des élassoïdes (ε_r).

L'élassoïde est composé de nappes identiques dont une entière s'obtient en faisant varier u de 0 à π et v de 0 à $\frac{2\pi}{m}$.

La surface entière s'obtiendra en faisant tourner cette nappe de l'angle $\frac{2\pi}{m}$ indéfiniment. Si m est un nombre entier on retrouvera la nappe primitive, après m rotations ; si m est un nombre fractionnaire $\frac{p}{q}$, p rotations seront nécessaires pour retrouver la première nappe $\left(\frac{p}{q}\text{ étant supposée irréductible}\right)$.

De ce que t ne change pas quand on change v en $\frac{2\pi}{m} - v$, il résulte que chaque nappe admet un plan de symétrie.

Les élassoïdes (ε_r), algébriques, correspondent aux valeurs commensurables de m.

§ 173.

Rectification des géodésiques principales. Lignes de courbure.

Les lignes (v) de l'élassoïde ont pour longueur

$$S_v = \frac{a}{m^2 - 1} \, \frac{\cot^m \dfrac{u}{2}(m - \cos u)}{\sin u}.$$

Si l'on cherche l'équation des lignes de courbure, on trouve, pour l'angle qu'elles font avec la ligne (v),

$$\varphi = k\frac{\pi}{2} + \frac{mv}{2};$$

mais l'angle mv est celui que fait la ligne (v) de l'élassoïde avec son image sphérique, conséquemment : *En un point d'un élassoïde (ε_r) les directions des lignes de courbure sont les bissectrices des angles que forment les directions de la ligne (v) passant en ce point et de son image sphérique ; ces angles croissent proportionnellement au module m et au paramètre v. Une même ligne (v) coupe sous un angle constant les lignes de courbure de la surface.*

Les équations des lignes de courbure sont

$$\cot \frac{mu}{2} \cdot \sin^2 \frac{mv}{2} = h^2,$$
$$\cot \frac{mu}{2} \cdot \cos^2 \frac{mv}{2} = k^2,$$

où h et k sont les paramètres de chacune de ces lignes.

Les lignes de courbure comme les lignes asymptotiques sont algébriques. Il convient, pour se figurer ces courbes, de faire la projection stéréographique de leur image sphérique sur le plan des YZ (le point de vue étant à un pôle du grand cercle situé dans ce plan).

§ 174.

Projections stéréographiques des images des lignes de courbure (Spirales de Lamé).

ρ désignant le rayon vecteur, dans le plan YZ, on a pour les perspectives des images des lignes de courbure

$$\rho^m \cdot \sin^2 \frac{mv}{2} = h^2,$$
$$\rho^m \cdot \cos^2 \frac{mv}{2} = k^2.$$

Ce sont des spirales dont M. Haton a résumé les propriétés (*Nouvelles Annales de mathématiques*, 1876, pp. 97 à 108). Les lignes asymptotiques donneraient lieu à des perspectives identiques aux précédentes, l'axe polaire ayant simplement tourné de $\frac{\pi}{2m}$. Ces spirales se coupent à angle droit ; elles forment un réseau isométrique (LAMÉ, *Journal de Liouville*, 1re sér., t. I, p. 86).

Pour que les courbes précédentes deviennent des cercles ou des droites, m devra être égal à deux. Dans ce cas, les lignes de courbure ont pour image sphérique des cercles et par conséquent sont planes. L'élassoïde correspondant est celui d'Enneper.

L'élément linéaire de l'élassoïde (ε_r), rapporté aux lignes de courbure, est

$$dS^2 = \frac{a^2}{m^2}(h^2 + k^2) \left[(h^2 + k^2)^{\frac{1}{m}} + (h^2 + k^2)^{-\frac{1}{m}} \right]^2 (dh^2 + dk^2).$$

§ 175.

Tous les élassoïdes groupés correspondant à un élassoïde (ε_r) sont identiques à celui-ci. Les élassoïdes groupés qu'on peut déduire du réseau isométrique des lignes de courbure sont des (ε_r) identiques.

On pourrait manifestement déduire de nouveaux élassoïdes groupés de la connaissance des réseaux isométriques, images des lignes de courbure. Ces élassoïdes seraient algébriques en même temps que les spirales ; il suffit de les signaler. Ces nouveaux élassoïdes ne diffèrent pas de ceux qui nous occupent. En effet, les trajectoires sous un angle arbitraire des spirales représentant les lignes de courbure ne sont autre chose que ces spirales tournées d'un certain angle ; conséquemment tous les élassoïdes groupés seraient identiques entre eux, absolument comme les élassoïdes (ε_r) et les élassoïdes stratifiés. Les images sphériques de leurs lignes de courbure, trajectoires les unes des autres, devront être identiques, elles sont la perspective des spirales indiquées ci-dessus.

§ 176.

Classe des élassoïdes (ε_r).

Il est facile d'établir la classe des élassoïdes (ε_r).

Posant :

$$\rho^2 = \mathrm{X}^2 + \mathrm{Y}^2 + \mathrm{Z}^2,$$

on obtient :

$$\mathrm{X} = \rho \cos u, \quad \mathrm{Y} = -\rho \sin u \cos v, \quad \mathrm{Z} = -\rho \sin u \sin v,$$
$$\rho t = a^2,$$

X, Y, Z désignant les coordonnées d'un point de la polaire réciproque. On trouve en exprimant t en X et Y

$$t = \frac{(-1)^m a}{2m(m^2 - 1)} \frac{(Y + iZ)^m + (Y - iZ)^m}{(\rho - X)^m} \cdot \frac{m\rho - X}{\rho},$$

d'où résulte pour l'équation cherchée

$$\left[(Y + iZ)^m + (Y - iZ)^m\right](m\rho - X) = 2am(m^2 - 1)(X - \rho)'''.$$

Il y a trois cas à distinguer suivant que m est un nombre entier, fractionnaire ou incommensurable.

1° *Lorsque le module m est un nombre entier positif, la classe de l'élassoïde (ε_r) est égale à $2(m + 1)$.*

2° Le module m est commensurable et égal à $\frac{p}{q}$, on a donc

$$\left[(Y + iZ)^{\frac{p}{q}} + (Y - iZ)^{\frac{p}{q}}\right]^q (m\rho - X)^q = k^q (X - \rho)^p,$$

en donnant à k la valeur
$$k = 2am(m^2 - 1).$$

Pour faire disparaître les radicaux d'indice q, il faut former la *norme* de l'équation, c'est-à-dire le produit

$$\prod_{\mu=0}^{\mu=q-1} \left[\left\{(Y + iZ)^{\frac{p}{q}} + \alpha_\mu (Y - iZ)^{\frac{p}{q}}\right\}^q (m\rho - X)^q - k^q (X - \rho)^p \right],$$

où α_μ désigne l'une quelconque des racines de l'équation binôme

$$\omega^q - 1 = 0.$$

On obtiendra ainsi une fonction entière de X, Y, Z, ρ, de degré $q(p + q)$ qui sera le premier membre d'une équation où il ne subsistera plus qu'un radical contenant ρ. Conséquemment l'*équation de la polaire réciproque sera de degré $2q(p + q)$*.

Par exemple, lorsque $m = \frac{1}{2}$ la classe est 12.

3° Lorsque m est incommensurable, les élassoïdes ne sont plus algébriques.

$$\S\ 177.$$

Valeurs des coordonnées d'un élassoïde (ε_r). Degré égal à $(m+1)^2$ si le module m
est entier.

Les coordonnées d'un point de l'élassoïde, en introduisant comme paramètre
auxiliaire la fonction désignée ci-dessus

$$\rho = \cot\frac{u}{2},$$

deviennent

$$X = \frac{a}{m}\rho^m \cos mv,$$

$$Y = \frac{a}{2}\left[\frac{\rho^{m+1}}{m+1}\cos(m+1)v - \frac{\rho^{m-1}}{m-1}\cos(m-1)v\right],$$

$$Z = \frac{a}{2}\left[\frac{\rho^{m+1}}{m+1}\sin(m+1)v + \frac{\rho^{m-1}}{m-1}\sin(m-1)v\right].$$

Ce sont, à des différences insignifiantes près, les formules données par Bour.

Dans le cas où m est entier et positif, on peut établir l'ordre de l'élassoïde. On
trouve, par des considérations assez détaillées, que le plan des YZ coupe la surface
suivant m droites, écartées de l'angle $\frac{\pi}{m}$, deux à deux, passant toutes par l'origine,
de multiplicité $m+1$. Le plan contient en outre la droite de l'infini comme droite
de multiplicité égale à $m+1$. Dans ce cas, l'ordre de la surface est égal à $(m+1)^2$.

$$\S\ 178.$$

Chaque courbe (u) est située sur une quadrique.

On peut, sans sortir de la généralité, établir certaines propriétés des courbes (u) ;
on trouve, en effet, la relation

$$\frac{4}{a^2}\left(Y^2 + Z^2 + \frac{m^2}{m^2-1}X^2\right) = \left(\frac{\rho^{m+1}}{m+1} - \frac{\rho^{m-1}}{m-1}\right)^2 ;$$

lorsque u reste constant et par conséquent ρ, on voit que la courbe (u) est située sur
une quadrique de révolution homothétique à la quadrique fixe

$$Y^2 + Z^2 + \frac{m^2}{m^2-1}X^2 = a^2.$$

On peut trouver une autre relation indépendante de v. En posant

$$\cos v + i\sin v = \lambda,$$

on a les équations simultanées

$$\frac{2}{a}(Y + iZ) = \frac{\rho^{m+1}}{m+1}\lambda^{m+1} - \frac{\rho^{m-1}}{m-1}\frac{1}{\lambda^{m-1}},$$

$$\frac{2}{a}(Y - iZ) = \frac{\rho^{m+1}}{m+1} \cdot \frac{1}{\lambda^{m+1}} - \frac{\rho^{m-1}}{m-1} \cdot \lambda^{m-1},$$

entre lesquelles, si on éliminait λ, on aurait une relation ne dépendant que de u.

<h2 style="text-align:center">§ 179.</h2>

Les géodésiques principales (v) sont l'intersection de cônes du second degré et de cylindres, elles sont de degré $2m - 1$ si m est entier.

De même en cherchant à isoler les courbes (v) on trouve

$$[Z\cos(m-1)v + Y\sin(m-1)v][Z\cos(m+1)v - Y\sin(m+1)v] = \frac{m^2 X^2}{m^2 - 1}\sin^2 mv,$$

avec la relation

$$\frac{2}{a}[Z\cos(m+1)v - Y\sin(m+1)v]^m = \frac{(mX\sin mv)^{m-1} \cdot \sin 2mv}{(m-1)^m};$$

ces lignes sont les intersections de cônes du second degré et de cylindres, ayant en commun l'intersection des plans

$$X = Z\cos(m+1)v - Y\sin(m+1)v = 0.$$

Conséquemment, lorsque m est un nombre entier, les courbes (v) sont d'ordre $2m - 1$.

Enfin, on peut trouver deux plans correspondants à chaque courbe (v) et tels que cette courbe s'y projette suivant deux courbes toujours semblables à elles-mêmes.

<h2 style="text-align:center">§ 180.</h2>

Géodésiques principales planes. Équation.

On sait que les lignes (v) sont géodésiques, il en est de planes, toutes identiques entre elles ; une de ces courbes détermine l'élassoïde (ε_r) ; on peut la définir par les valeurs des coordonnées d'un point

$$X = \frac{a}{m}\rho^m, \quad Y = \frac{a}{2}\left(\frac{\rho^{m+1}}{m+1} - \frac{\rho^{m-1}}{m-1}\right),$$

ou comme l'enveloppe de la droite

$$X\cos u - Y\sin u = \frac{a}{m(m^2-1)}\cot^m\frac{u}{2}(m - \cos u).$$

§ 181.

$m = 2$, élassoïde d'Enneper du neuvième degré. $m = \frac{1}{2}$, élassoïde de douzième ordre et de douzième classe. Équations.

Pour ne pas prolonger indéfiniment ces monographies, nous rappellerons simplement que dans le cas où $m = 2$, l'élassoïde est celui d'Enneper ; ses lignes de courbure sont des cubiques planes ; en appliquant les considérations développées ci-dessus, on trouve pour son équation

$$\left[\frac{3}{a^2}\left(Y^2 + Z^2 + \frac{8}{9}X^2\right) - \frac{2}{3} + \frac{3(Y^2 - Z^2)}{aX}\right]^2 = 6\left[\frac{8X^2}{9a^2} - \frac{Y^2 - Z^2}{aX} + \frac{2}{3}\right]^3.$$

Un cas fort intéressant et qui justifierait une étude détaillée est celui où $m = \frac{1}{2}$; les lignes (v) dans ce cas sont des biquadratiques ; l'équation de la surface est

$$[12a^4X^2 - (X^3 - 6a^2Y)^2]^2$$
$$= 27X\left(Y^2 + Z^2 - \frac{X^2}{3}\right)\{27a^4X^2[9X(Y^2 + Z^2) + (X^3 - 24a^2Y)] - (X^3 - 6a^2Y)^3\};$$

on voit qu'elle est du douzième degré ; on sait d'ailleurs que cette surface est aussi de douzième classe.

CHAPITRE XXI.

PROPRIÉTÉS DIVERSES, RELATIVES AUX ÉLASSOÏDES.

————

Nous terminerons cette étude en réunissant quelques propositions relatives aux élassoïdes et ne se rattachant pas directement aux divers chapitres dont il a été traité.

§ 182.

Les axes d'une congruence de cercles qui n'a que deux focales à distance finie, forment une congruence isotrope. Transformation par rayons vecteurs réciproques.

Occupons-nous d'abord des congruences isotropes : cet élément géométrique s'introduit d'une façon tout à fait inattendue dans la théorie des congruences de cercles. Lorsque des cercles remplissent l'espace comme les droites d'une congruence (lorsque, par exemple, on trace un cercle unique dans chacun des plans tangents d'une surface donnée), ces courbes touchent dans l'espace certaines surfaces qui, en général, ont quatre nappes situées à distance finie et qui à l'infini rencontrent l'ombilicale, *mais lorsque deux des nappes-enveloppes passent à l'infini, les axes des cercles forment toujours une congruence isotrope.*

La réciproque est exacte. On peut donc former autant de congruences de cercles que l'on veut, n'ayant que deux focales simples à distance finie, car les rayons des cercles sont arbitraires [pourvu qu'ils ne soient pas nuls].

Si, par exemple, on considère des congruences de cercles, ayant mêmes axes, et formant une congruence isotrope, les fonctions définissant la variation arbitraire des rayons ne joueront aucun rôle dans la nature de l'élassoïde moyen ; mais, que l'on vienne à transformer ces congruences de cercles par rayons vecteurs réciproques, il est manifeste qu'on obtiendra de nouvelles congruences de cercles n'ayant que deux focales à distance finie. Seulement on aura fusionné, pour ainsi dire, les deux fonctions caractéristiques de la congruence isotrope primitive avec deux autres—qui définissent les cercles ;—on aura donc créé une congruence isotrope nouvelle. On conçoit, de la sorte, qu'il soit facile d'obtenir une infinité d'élassoïdes algébriques déduits tous les uns des autres (*).

————

(*) En réalité, bien qu'on ait introduit par une transformation deux fonctions arbitraires nouvelles, elles se confondront en partie avec celles de la première congruence isotrope, de façon qu'il

§ 183.

Transformation d'une congruence isotrope en congruence normale.

Nous avons montré que si l'on porte sur les tangentes à la sphère, dans la direction des courbes $(u$ ou $v)$ d'un réseau isométrique des longueurs égales au λ du réseau isométrique, l'extrémité du segment est le pied mobile du rayon d'une congruence isotrope. Si, au lieu de porter un segment égal à λ, on portait un segment égal à $\frac{a^2}{\lambda}$, on construirait une nouvelle congruence, cette fois, formée de normales à une surface. L'application aux quadriques homofocales introduit une surface dépendant des fonctions elliptiques.

§ 184.

Congruence normale déduite d'un réseau isométrique tracé sur un élassoïde.

Portant sur les tangentes aux courbes (u, v) d'un réseau isométrique des segments égaux aux valeurs des λ, et, par les extrémités menant des parallèles à la normale au point (u, v), on sait que les congruences des droites obtenues sont isotropes, si la surface de référence est une sphère. Au contraire, si cette surface est un élassoïde, les congruences sont formées de normales à des surfaces.

Les élassoïdes (ε_r) applicables sur des surfaces de révolution donnent lieu à des lignes asymptotiques algébriques si le module m est commensurable ; d'après notre théorème sur la correspondance des asymptotiques d'un élassoïde moyen et de la surface moyenne, on voit que pour chaque valeur de m on aura une ∞^1 de surfaces moyennes des congruences isotropes satisfaisantes sur lesquelles les asymptotiques s'obtiendront immédiatement sans quadratures.

§ 185.

Les surfaces moyennes correspondant aux élassoïdes (ε_r) et une surface par élassoïde, également applicable sur une surface de révolution, ont leurs asymptotiques qui correspondent à celles des (ε_r).

Mais, d'après un théorème de M. Weingarten, à tout élassoïde (ε_r) applicable sur une surface de révolution correspondra une autre surface (S) également applicable sur une surface de révolution, mais non élassoïde, constituant avec (ε_r) la développée d'une certaine surface dont les rayons de courbure sont fonctions l'un de l'autre. Cette dernière surface s'obtiendra chaque fois sans quadrature puisque nous avons rectifié les géodésiques méridiennes de (ε_r) ; elle sera algébrique en même temps que (ε_r), c'est-à-dire toutes les fois que le module m sera commensurable.

---

ne figure réellement que deux fonctions arbitraires dans la définition de la nouvelle congruence.

D'après un théorème (qui nous appartient), sur les surfaces (ε_r) et (S), nappes de la développée d'une surface dont les rayons de courbure principaux sont liés, les asymptotiques se correspondent encore ; conséquemment à chaque valeur du module m correspondra une surface (S) dont on saura trouver sans quadrature les asymptotiques.

On obtient ainsi une double famille de surfaces (ε_r) et (S) simultanément algébriques et toutes deux applicables sur des surfaces de révolution ; celles-ci ne peuvent être que transcendantes quand elles sont réelles.

§ 186.

Sur les deux nappes de la développée d'un élassoïde les asymptotiques se correspondent, ainsi qu'aux lignes de longueur nulle de l'élassoïde.

Dans le même ordre d'idées, la théorie des élassoïdes met aussi en évidence une famille intéressante de surfaces applicables sur des surfaces de révolution ; en effet, on peut envisager les deux nappes de la développée d'un élassoïde comme satisfaisant à cette condition ; toutes deux sont applicables sur une surface de révolution dont le profil serait une développée de chaînette (qui serait, par conséquent, transcendante) ; pourtant chaque élassoïde algébrique donne lieu à une développée algébrique.

Si l'on applique notre théorème à ces nappes de développée d'élassoïde, on voit que leurs asymptotiques se correspondent ; elles sont toujours imaginaires, mais elles correspondent aux lignes de longueur nulle de l'élassoïde dont elles constituent la développée.

§ 187.

Propriété générale au sujet de doubles couples de surfaces applicables l'une sur l'autre.

Tout ce qui précède n'est point une conséquence propre de la théorie des élassoïdes, mais bien de celle, beaucoup plus générale, des couples de surfaces applicables l'une sur l'autre. Si les asymptotiques se correspondent sur l'élassoïde moyen et sur la surface moyenne d'une congruence isotrope, si, de même, elles se correspondent sur les deux nappes de la développée d'une surface dont les rayons de courbure sont liés, c'est qu'il se présente une particularité commune, bien digne d'être mise en lumière : les deux surfaces, dont les asymptotiques se correspondent, peuvent, dans chaque cas, être considérées comme les lieux des milieux de segments dont les extrémités décrivent des surfaces applicables l'une sur l'autre. Or ces doubles couples de surfaces applicables existent toujours associés, et le théorème que voici montre qu'un couple quelconque entraîne avec lui son correspondant :

Soient (A), (A′) deux surfaces applicables, l'une sur l'autre, et (O) la surface lieu des milieux des cordes joignant les points correspondants A et A′ ; il existe toujours un autre couple (B)(B′) de surfaces applicables tel que la surface (O) soit touchée par tous les plans perpendiculaires sur les milieux des cordes BB′ ; les couples de points AA′ et BB′ sont réciproques. Conséquemment les surfaces (O) et (Ω) lieux des milieux des cordes AA′, BB′, sont les focales d'une même congruence de droites ; de plus, les cordes elles-mêmes sont parallèles aux normales en O et Ω des surfaces (O) et (Ω), AA′ étant parallèle à la normale de (Ω). Enfin, entre les longueurs des cordes AA′, BB′, et les autres éléments de la figure, il existe la relation

$$\mathrm{AA'} \times \mathrm{BB'} \sin \mathrm{V} = k \times \mathrm{O\Omega},$$

où V désigne l'angle des normales à (O) et (Ω) et k une constante. On voit qu'il y a une infinité de couples associés correspondant à toutes les valeurs de la constante et dérivant d'une même congruence de droites OΩ ; celle-ci jouit donc de propriétés spéciales qui ont été mises en évidence dans le cas particulier traité au chapitre VIII.

§ 188.

Autre propriété générale de la correspondance par orthogonalité des éléments.

Mais comme nous l'avons dit, cette théorie des couples de surfaces applicables peut aussi être envisagée différemment : elle coïncide avec celle de la correspondance des surfaces par orthogonalité des éléments dont nous avons parlé constamment au cours de l'étude qui précède. Il ne sera pas inutile de donner ici (à raison d'une application fort simple aux élassoïdes) le théorème qui domine la théorie.

Soient deux surfaces (O) et (M) qui se correspondent par orthogonalité des éléments ; si par les points de (M) on mène des droites D parallèles aux normales de (O), elles forment une congruence telle que : 1º (M) *en soit la surface moyenne* ; 2º *les plans principaux (tangents aux surfaces focales) sont perpendiculaires aux asymptotes de l'indicatrice en O à (O).*

Dès lors, si l'on trace les images sphériques (α) et (β) des asymptotiques de (O), *ce sont précisément les images sphériques principales de la congruence* (D).

Conséquemment, si l'on connaît le réseau sphérique, image des asymptotiques d'une surface (O), il faudra chercher toutes les congruences l'admettant pour image principale et leurs surfaces moyennes donneront l'intégrale des surfaces (M) correspondant par orthogonalité des éléments à (O).

On peut se donner le réseau sphérique, image des asymptotiques d'une surface inconnue ; on sait que (si certaines conditions sont remplies) la surface (O) est déterminée *uniquement*. Quant à la congruence (D), qui admet le réseau sphérique pour image principale, elle est déterminée par un système *canonique*, c'est-à-dire ramené à l'intégration d'une seule équation aux différentielles partielles, linéaire et du second ordre, de cette forme, seule intégrable explicitement, mise en lumière par M. Moutard.

§ 189.

Recherche des surfaces correspondant par orthogonalité des éléments à un élassoïde.

L'application la plus simple de cette théorie a trait aux élassoïdes. Si (O) est élassoïde, le réseau sphérique, image de ses asymptotiques, est un réseau orthogonal et isométrique ; il n'est pas différemment assujetti. On voit d'abord que les congruences (D) sont formées de normales à des surfaces, et en second lieu que ces surfaces ont pour image sphérique de leurs lignes de courbure le réseau isométrique choisi.

Prenant la sphère pour surface de référence et le réseau isométrique pour réseau (u, v) tel que

$$dS^2 = \lambda^2(du^2 + dv^2),$$

on trouve pour l'équation canonique

$$\frac{d^2X}{X\,du\,dv} = \frac{d^2\left(\dfrac{1}{\lambda}\right)}{\left(\dfrac{1}{\lambda}\right)du\,dv}.$$

(Voir pour l'intégration le mémoire de M. Moutard, au XLVe cahier du *Journal de l'École polytechnique.*)

§ 190.

Recherche des surfaces se correspondant par parallélisme des plans tangents et par leurs lignes isotropes.

Ces diverses théories se rapprochent encore dans une question qui dérive tout naturellement de l'étude des élassoïdes. La sphère et un élassoïde arbitraire se correspondent à la fois par le parallélisme des plans tangents et par leurs lignes isotropes. Il serait intéressant de connaître tous les couples de surfaces analogues, parce que l'on pourrait faire sur l'une des surfaces la carte de l'autre, en conservant les angles.

Sur les deux surfaces les lignes de courbure se correspondent, et les rayons de courbure principaux sont liés par la relation

$$\frac{R_1}{r_1} + \frac{R_2}{r_2} = 0 \; (^*);$$

poussant plus avant, on introduit à nouveau la correspondance par orthogonalité des éléments.

(*) Cette relation peut s'écrire

$$\sqrt{\frac{R_1}{R_2}} = \pm i\sqrt{\frac{r_1}{r_2}};$$

Le développement des recherches qui viennent d'être indiquées s'écarterait trop du sujet de ce mémoire ; il convient de le réserver pour un travail différent.

————

---

on voit que si ω et ω' désignent les demi-angles des asymptotes de l'indicatrice

$$\operatorname{tg}\omega = \pm i \operatorname{tg}\omega'.$$

Donc les images sphériques des asymptotiques sont simultanément déterminées pour les deux surfaces ; l'une est convexe et l'autre à courbures opposées.

CHAPITRE XXII.

CONCLUSIONS.

§ 191.

Indication d'une théorie générale dominante.

On a envisagé dans ce qui précède, certaines questions d'ordre général soulevées par la théorie des élassoïdes.

Les propositions importantes dominant notre mémoire sont des manifestations plus ou moins élégantes des idées fondamentales émises à propos de l'intégration, sous forme explicite et finie, des équations aux différentielles partielles du second ordre, par M. Moutard ; idées indiquées à la Société Philomatique de Paris, le 23 octobre 1869, poursuivies dans le détail à propos de l'équation particulière

$$\frac{1}{Z}\,\frac{d^2Z}{du\,dv} = \lambda,$$

dans le XVLe cahier du *Journal de l'École polytechnique.*

§ 192.

Des compléments à donner à ce mémoire.

Si ce mémoire, déjà étendu, comprenait le développement entier du programme que nous nous étions tracé, il contiendrait un chapitre analogue aux chapitres XII et XIII, établissant tous les éléments d'un élassoïde passant par un contour-plan, conjugué d'un autre contour déterminé. Une application intéressante serait faite aux élassoïdes algébriques passant par un cercle. A titre de généralisation, nous aurions voulu pouvoir traiter le problème de la recherche des élassoïdes algébriques passant par une conique ou une biquadratique (*).

Ne conviendrait-il pas également de discuter les élassoïdes algébriques admettant pour géodésiques les épicycloïdes les plus simples ? Déjà nous avons vu que l'élassoïde qui admet pour géodésique une hypocycloïde à quatre rebroussements est le conjugué de l'élassoïde dérivé des paraboloïdes homofocaux ; il faudrait au moins

---

(*) Nous n'en connaissons d'autres exemples que ceux relatés au chapitre XVIII et au § 181.

définir l'élassoïde dont l'hypocycloïde à trois rebroussements et la cardioïde sont des géodésiques.

L'étude des surfaces moyennes mériterait un chapitre spécial ; il n'y en a qu'une, celle dérivée des quadriques homofocales, qui soit un peu connue. M. Moutard a montré qu'elle est le lieu de biquadratiques, intersections des hyperboloïdes homofocaux et des cônes supplémentaires aux cônes asymptotes de ces quadriques, ayant pour sommet le centre.

La surface moyenne dérivée des paraboloïdes homofocaux est le lieu d'une double série de paraboles, elle a pour équation

$$(y^{\frac{2}{3}} + z^{\frac{2}{3}})^3(y^{\frac{2}{3}} - z^{\frac{2}{3}}) = 8h\big[x(y^{\frac{2}{3}} + z^{\frac{2}{3}}) - h(y^{\frac{2}{3}} - z^{\frac{2}{3}})\big].$$

L'étude des surfaces moyennes dont les asymptotiques sont algébriques, serait particulièrement intéressante, par exemple, la surface moyenne, la plus générale, correspondant à l'élassoïde d'Enneper, dont les coordonnées en fonction des paramètres u et v des lignes de courbure de l'élassoïde sont

$$X = \frac{a(u^2 - v^2)(u^2 + v^2 - 3) + 2(Cu - Bv)}{u^2 + v^2 + 1},$$
$$Y = \frac{-4au^3 + C(u^2 + v^2 - 1) + 2Av}{u^2 + v^2 + 1},$$
$$Z = \frac{4av^3 - B(u^2 + v^2 - 1) - 2Au}{u^2 + v^2 + 1},$$
$$u \pm v = k$$

étant l'équation des asymptotiques.

Sans parler de la transformation par rayons vecteurs réciproques des congruences de cercles à focales doubles, il est d'autres questions véritablement importantes au point de vue théorique et qu'il faudrait élucider.

De même que, si l'on recherche les surfaces dont le réseau des lignes de courbure est de cette nature définie par M. Liouville et qui permet l'intégration des lignes géodésiques, de même, disons-nous, que dans ce cas on trouve avec M. Ossian Bonnet, qu'à part les surfaces de révolution il n'y a que les quadriques ; de même si l'on recherche les surfaces élassoïdes sur lesquelles on peut tracer un réseau orthogonal de genre caractérisé par M. Liouville, le problème se divisera en deux parts, la première afférente à la famille de surfaces applicables sur des surfaces de révolution, la seconde se rapportant à *une* surface élassoïde qui n'a pas encore été isolée.

§ 193.

Résultats du présent mémoire.

En résumé, notre travail indique les solutions des problèmes de Monge et de Björling ; il fait, croyons-nous, suffisamment ressortir l'importance d'un être géométrique particulièrement simple, la congruence isotrope ; il indique toute l'importance de la correspondance par orthogonalité des éléments, et la liaison naturelle qui existe entre les élassoïdes et les couples de surfaces applicables l'une sur l'autre. La notion des contours conjugués n'est pas sans utilité, et la recherche des contours conjugués algébriques d'un contour algébrique conduit à des applications géométriques intéressantes.

Qu'on nous permette d'attacher quelque importance au résultat trouvé à propos des élassoïdes sur lesquels on peut tracer deux géodésiques pour lesquelles

$$R = \pm k\rho;$$

il met en évidence une sorte de transformation isotrope des courbes, qui fait correspondre deux parties de la ligne double d'une congruence isotrope. Il serait bien facile d'effectuer d'élégantes vérifications par le procédé auquel nous faisons allusion.